# MANUEL

DE

# PETIT ÉLEVEUR DE POULAINS

## DANS LE PERCHE

### ET SPÉCIALEMENT DANS LE PERCHE D'EURE-ET-LOIR

PAR

## J. B. HUZARD,

Officier de la Légion d'honneur,
Membre de la Société centrale d'agriculture de France,
de l'Académie de médecine,
du Conseil d'hygiène publique et de salubrité du département de la Seine.

## PARIS

### IMPRIMERIE ET LIBRAIRIE D'AGRICULTURE

### DE M<sup>me</sup> V<sup>e</sup> BOUCHARD-HUZARD,

RUE DE L'ÉPERON, 5.

—

*(Réimpression augmentée 1875.)*

# MANUEL

DU

## PETIT ÉLEVEUR DE POULAINS.

# MANUÉL

DU

# PETIT ÉLEVEUR DE POULAINS

## DANS LE PERCHE

### ET SPÉCIALEMENT DANS LE PERCHE D'EURE-ET-LOIR

PAR

## J. B. HUZARD,

Officier de la Légion d'honneur,
Membre de la Société centrale d'agriculture de France,
de l'Académie de médecine,
du Conseil d'hygiène publique et de salubrité du département de la Seine.

PARIS

IMPRIMERIE ET LIBRAIRIE D'AGRICULTURE

DE M<sup>me</sup> V<sup>e</sup> BOUCHARD-HUZARD,

RUE DE L'ÉPERON, 5.

*(Réimpression augmentée 1875)*

# TABLE DES MATIÈRES

# PRÉFACE.

En 1867, le Conseil général d'Eure-et-Loir a mis au concours la rédaction d'un ouvrage sur l'élevage du cheval percheron : des mémoires ont été le résultat de ce concours ; et, par les soins de M. le Préfet, une commission a été nommée pour juger ces mémoires. Je faisais partie de cette commission : elle a estimé que les concurrents s'étaient éloignés du but en se livrant beaucoup trop à des idées physiologiques et à des appréciations de mesures administratives qui étaient en dehors de la pratique de l'élevage. Le sujet a été remis au concours et appuyé d'un programme des points à traiter plus particulièrement.

Je ne pouvais me présenter à ce second concours. Néanmoins je me suis occupé à rédiger un travail tel qu'il m'avait paru que le Conseil général du département le désirait.

Maintenant que le concours est clos, que deux concurrents ont atteint le but, mon travail sera peut-être une inutilité, et le feu devrait en faire justice; mais la pensée que je m'étais donné de la peine pour rien, mais l'amour-propre qui me disait que mon travail pouvait encore être bon à quelque chose, qu'en tous cas il ne pouvait faire du mal, m'ont entraîné à le publier. Telle est mon excuse.

En traitant des mêmes sujets que les concurrents, il était impossible que mon travail ne s'accordât pas avec les leurs, comme ceux-ci s'accordent, au reste, sur beaucoup de points : ils ne se sont pas copiés pour cela: on peut même dire que les règles d'amélioration des races d'animaux étaient connues depuis longtemps, qu'il s'agissait seulement d'en rappeler l'application au cultivateur-éleveur du poulain percheron; et c'est ce que, à l'instar des concurrents, j'ai cherché à faire.

# MANUEL

DU

## PETIT ÉLEVEUR DE POULAINS

DANS LE PERCHE,

SPÉCIALEMENT DANS LE PERCHE D'EURE-ET-LOIR.

---

## AVANT-PROPOS.

Les éleveurs de poulains percherons vont peut-être s'écrier en lisant le titre de ce petit ouvrage, « mais nous en avons assez de vos manuels, nous savons mieux que vous, écrivassiers, *ce qu'il faut faire;* mais *le pouvoir faire* c'est autre chose, et nous *donnerez-vous ce pouvoir faire?* gardez donc vos conseils, que nous devinons rien qu'au titre de votre livre. »

Voyons donc si vous avez tout à fait raison.

Êtes-vous toujours du même avis que vos voi-

1

sins? ne vous chamaillez-vous pas quelquefois tantôt sur un point, tantôt sur un autre? quelquefois ne regardez-vous pas leurs idées comme meilleures que la vôtre, n'en profitez-vous pas? Peut-être, sur quelques sujets, ces écrivassiers imprimés tout leur long dans un petit livre seront-ils ces voisins; et, si vous n'êtes pas de leur avis, ne pourrez-vous toujours dire, ils sont bons avec leurs conseils? Cela convenu, j'entre en matière.

# CHAPITRE PREMIER.

## Le Perche.

C'est un pays dont il faut vous dire un mot, quoique vous le connaissiez mieux que moi. C'est un pays où il y a beaucoup de belles vallées, grandes et petites; vallées plus ou moins fertiles, très-fertiles même, et arrosées par des cours d'eau qui entretiennent dans le sol supérieur une fraîcheur favorable aux prairies naturelles; aussi toutes les parties sur les bords des ruisseaux sont-elles en prairies, dont quelques-unes sont soumises à l'irrigation, et dont toutes, à peu d'exceptions près, donnent une herbe d'excellente qualité.

C'est un pays à collines peu élevées dont le sol

cultivable est argileux, dont le sous-sol de même
nature, en ne permettant à l'eau des pluies
qu'une infiltration lente, retient de l'humidité
dans le sol supérieur, et est ainsi très-favorable
à la culture du trèfle et à la plupart des autres
prairies artificielles. On y cultive aussi les pois,
les vesces comme fourrages, le sainfoin même
dans les terres plus perméables, les moins humides. Tout nouvellement un autre genre de
plantes, le moutardon, y a fait invasion comme
nourriture verte d'automne et accessoire pour
les vaches. Dans certaines parties où le sol arable
est plus profond et le sous-sol moins argileux, la
luzerne vient compléter le nombre des plantes
des prairies artificielles, et fournit une ressource
alimentaire précieuse pour le bétail. Enfin, dans
le Perche, les arbres poussent admirablement.
Aussi les haies sont-elles généralement garnies de
charmes, d'ormes, de chênes, de noisetiers, et
servent-elles à donner du bois de chauffage, en
même temps qu'elles enclosent les champs et les
prés. On n'a donc pas besoin d'y garder le bétail, d'où une grande économie pour le cultivateur; aussi le gros bétail et l'espèce chevaline y
sont nombreux. Un climat un peu humide, comme

dans la plupart des pays à sol argileux et couverts d'une luxuriante végétation forestière, ne nuit pas à la constitution de ces animaux, tandis que le mouton, auquel ces circonstances locales ne sont pas favorables, y est rare. Né et élevé sur ce sol, sa constitution est mauvaise ; c'est lui qui, transporté jeune dans la Beauce, fournit, sous l'influence d'une nourriture nouvelle, stimulante, ces animaux aptes à contracter le sang-de-rate, désespoir des cultivateurs de cette contrée.

Le Perche a un avantage sur les pays à poulains. Placé à la porte de Paris qui consomme beaucoup de chevaux, cette ville lui en demande beaucoup plus qu'il ne peut en fournir. Ses foires enlèvent tout ce qu'il peut produire. L'élevage du cheval est donc une source abondante de revenus, une source plus lucrative peut-être encore que l'élevage du gros bétail. Voyons maintenant ce qu'est le cheval percheron.

# CHAPITRE II.

## Le cheval percheron.

————

D'aucuns ne disent-ils pas que c'est un fils d'arabe? Je voudrais bien savoir dans quel livre de généalogie équestre ils ont vu cela. En mettant côte à côte un cheval arabe et un cheval percheron, ils ont peut-être trouvé que ces chevaux se ressemblaient. Soit, je le veux bien, et vous le voulez bien aussi; ne discutons pas là-dessus. Ce qu'il y a de certain, c'est que le Perche, depuis qu'on le connaît, a produit des chevaux; c'est que, en consultant l'histoire du pays, on peut croire qu'on y trouvait de bons chevaux de selle, non pas tels que la mode les veut aujourd'hui, mais des chevaux tels que les représentent

d'anciennes peintures, des chevaux un peu corsés,
ayant une tête un peu forte, mais sèche cependant; ayant la crinière, la queue un peu chargées
de crins; ayant des poils au bas des extrémités;
ayant souvent une robe grise, et ils n'en étaient
pas moins bons pour porter le chevalier armé,
pour porter citadin et campagnard chevauchant
avec leur femme en croupe, et enfin, jusqu'à la
fin du siècle dernier, pour porter le cuirassier de
cette époque. Il est probable, cependant, qu'il y
avait un grand nombre de chevaux propres au
trait seulement. Enfin des haras appartenant à
de riches propriétaires ou à des couvents ont
même, paraît-il, donné, dans le siècle dernier, des
chevaux d'une certaine élégance qu'on appelait
des chevaux de maîtres.

Ce que nous croyons savoir encore de l'élevage
ancien du cheval percheron, c'est que les chevaux
restaient dans le pays jusqu'à l'âge où ils devenaient chevaux faits, jusqu'à quatre et cinq ans.
A la fin du siècle dernier, mon père allait, m'a-t-il
dit, dans la Beauce et dans le Perche, au delà de
Chartres, acheter des chevaux de cet âge pour les
grandes messageries, dont il a été quelque temps
le vétérinaire. C'était encore, dans le commen-

cement de ce siècle, dans les fermes du Perche autant que dans celles de la Beauce et dans les foires d'Eure-et-Loir, que les marchands de chevaux de Paris allaient chercher des chevaux faits, pour les diligences, pour les postes, pour les voituriers et pour les trains d'artillerie; c'était dans l'Orne qu'il fallait aller pour trouver des chevaux de cavalerie légère et des chevaux d'officiers. Mais me voilà lancé dans le passé, revenons à la chose chevaline telle qu'elle se trouve actuellement dans notre Perche d'Eure-et-Loir.

Aujourd'hui une différence, qui n'existait peut-être pas autrefois, se fait remarquer entre les éleveurs du Perche.

Les uns ont trouvé qu'il était plus commode pour eux, plus avantageux, à n'avoir que des poulinières et leurs poulains jusqu'à l'âge du sevrage de ceux-ci.

D'autres éleveurs ont trouvé que leur avantage consistait plus particulièrement à n'avoir que des poulains ou pouliches de l'âge de six mois à deux ans ou deux ans et demi, et de les revendre à cet âge.

Enfin les cultivateurs des fermes à céréales du Perche, et surtout les cultivateurs de ce même genre de fermes dans la Beauce, trouvent leur intérêt à acheter ces poulains de deux ans et demi à trois ans pour les habituer au travail, leur faire exécuter les travaux de leur exploitation, et les revendre ensuite à cinq ans, en faisant un assez fort bénéfice sur le prix de ces poulains qui ont payé leur nourriture par leurs travaux et par leur fumier.

Un autre fait s'est produit; c'est que la demande de poulains par les éleveurs de poulains de notre Perche (car je suis un peu du pays) a été plus grande que la production, et a attiré dans nos foires un nombre considérable de poulains étrangers au Perche. Des marchands les y amènent par bandes de la Bretagne, de l'Anjou, du Maine, même de la Normandie. Ces poulains se trouvent en concurrence dans les foires avec les nôtres, et le cultivateur éleveur de poulains qui en achète à ces foires s'inquiète peu d'où ces poulains proviennent, il achète celui qu'il croit convenir le mieux à son exploitation et qu'il espère revendre le plus chèrement; d'où il résulte que nos éleveurs de poulains ont souvent, avec nos poulains du pays, des poulains étrangers.

De son côté, l'éleveur qui a des poulinières, et

qui, voulant les remplacer, n'a pas de leurs filles ou n'en a pas qui lui plaisent, achète aussi, dans ces foires, des pouliches de remplacement. Il choisit celles qu'il croit les plus aptes à produire les sortes de poulains qu'il désire, et il consulte les formes de ces pouliches sans trop aussi s'em·barrasser de leur provenance; en sorte que, par ces deux causes, on trouve dans notre Perche un nombre de poulains qui n'en sont pas, et même un certain nombre de poulinières qui n'y sont pas nées.

En outre de ces causes qui ont ôté l'homogénéité des familles chevalines du Perche d'Eure-et-Loir, il faut citer la manie qu'on a eue, en établissant des stations d'étalons dans le pays, de mettre dans ces stations des étalons anglais; étalons qui certes n'ont pas rendu nos chevaux meilleurs.

Si donc autrefois le Perche d'Eure-et-Loir avait une race particulière, plus adaptée à son climat et aux méthodes d'exploiter le sol, cette race a subi des modifications. Il est probable qu'il en est ainsi dans tout le Perche.

Une cause encore contribue actuellement à ce résultat d'une race moins homogène; c'est que la

ville de Paris, qui est le principal consommateur.
de nos chevaux, ayant besoin de forts chevaux
pour les grands ateliers de construction de toute
espèce, les marchands de chevaux recherchent
dans nos foires les animaux les plus forts, les plus
étoffés; d'où il résulte que les éleveurs de poulains achètent parfois de préférence, chez le cultivateur qui fait naître, et dans nos foires, les
poulains qui promettent de devenir les plus forts;
d'où il résulte que, par une conséquence naturelle, les cultivateurs qui font naître conservent
ou se procurent les juments les plus fortes, et
recherchent les étalons les plus étoffés, et que les
cultivateurs qui font la spéculation d'avoir des
étalons s'attachent, de préférence, à ces étalons
étoffés et vont les chercher un peu partout : heureusement la Beauce leur fournit, en grande partie, ces étalons, et ces étalons proviennent souvent
de poulains achetés dans le Perche; ils sont donc
eux-mêmes des percherons qui conservent à leur
descendance un peu plus, un peu moins le type
propre au pays.

Le résultat de ces faits et de leurs causes, c'est
qu'on trouve, dans notre Perche d'Eure-et-Loir,
des juments de toutes tailles ; des juments de gros

trait, des juments d'omnibus et aussi des juments de trait de taille et de corpulence médiocres ; et que les poulains s'y rencontrent avec la même diversité de taille et de corpulence.

Il faut dire cependant que, si le type n'y est pas tout à fait homogène, on trouve dans les poulains qui y sont nés ou élevés un certain air de famille ; tant le climat et un ensemble de causes locales, agricoles et économiques leur impriment un facies, un cachet particulier. Il faut dire aussi, à vous éleveurs, que l'habitude de voir ce facies, ce cachet particulier à vos chevaux, cachet ou facies qu'il est impossible de décrire, vous rend plus portés, insciemment, à rechercher ce cachet dans vos animaux, et vous avez bien raison !

En résumé, nous avons donc, dans Eure-et-Loir,

1° Des cultivateurs qui ont des poulinières et qui élèvent les produits de ces poulinières jusqu'à l'âge de six mois à un an ;

2° Des cultivateurs qui élèvent ces poulains de l'âge de six mois ou d'un an jusqu'à l'âge de deux ans et demi à trois ans ;

3° Enfin des cultivateurs qui achètent des poulains de deux ans et demi à trois ans pour les habituer au travail et les revendre quand ils sont tout à fait adultes à l'âge de cinq ans.

Il résulte enfin, des habitudes et intérêts commerciaux, qu'il se trouve dans nos foires un nombre considérable de poulains de l'ouest de la France, qu'on désigne sous le nom de poulains des pays bas, sans compter le nombre considérable de chevaux de service, de l'âge de cinq ans, qu'on amène aussi dans ces foires de tous côtés.

Ces préliminaires sur le Perche et sur son état chevalin m'ont paru nécessaires pour me faire mieux comprendre dans ce qui va suivre.

# CHAPITRE III.

## Poulinières.

---

§ I. — Déterminer le type des poulinières.

Maintenant que nous avons dit que les éleveurs
de notre Perche paraissent avoir intérêt à fournir
au commerce de forts chevaux, est-ce à dire qu'ils
doivent se livrer de préférence à l'élevage de ces
chevaux? Je ne balance pas à conseiller au plus
grand nombre de ne pas le faire.

Pourquoi? Une bonne raison de ce conseil,
c'est que jusqu'à présent ce n'a pas été dans
l'usage de nos campagnes. Cette raison n'en est
pas une, dira-t-on. J'en conviens. Mais l'usage ne
dérive-t-il pas de notre système de culture écono-

mique et même de ce que nos prairies ne con-
viennent pas aux grosses juments de trait; de ce
que nos prés, au bas des collines, ne sont pas
assez abondants, ou plutôt produisent une herbe
trop délicate; de ce que nous nourrissons le plus
possible au pâturage et pas assez, peut-être, à
l'écurie pour produire ces gros chevaux? Nous
savons, en effet, que les plus gros viennent des
contrées où on nourrit les juments autant à l'é-
curie qu'à l'herbage, sans trop s'inquiéter de la
délicatesse de la nourriture; des pays où on les
nourrit, une grande partie de l'année, avec les
foins de prairies artificielles et avec les mangeailles
de vesces, de pois et avec le foin des prairies marécageuses, donnés dans des râteliers toujours
pleins. Avant de se décider à avoir de massives
poulinières, il faut donc que le cultivateur se
rende bien compte de la nourriture qu'il peut
donner. Il doit calculer ce que ses prés, ses prairies peuvent nourrir abondamment de têtes de
poulinières pendant la saison de pâturage, et se
guider sur ce calcul. L'expérience l'a fait presque
partout : on sait combien dans tel herbage, dans
tel pré on peut mettre de poulinières ou de poulains de telle race donnée, avec tel nombre de

vaches ou de bœufs : ce que l'éleveur ne sait pas assez, c'est que dans les pâturages, dans les prés où les poulinières de taille moyenne prospèrent, là des poulinières de grosse corpulence et de grande taille ne réussiront pas. Le second calcul qu'il doit faire, c'est celui de la quantité et de la qualité des fourrages secs dont il peut disposer dans la saison d'hivernage. Il faut qu'il n'oublie pas que, pour avoir ces grosses poulinières, les râteliers doivent être toujours pleins, et que la bonne qualité des foins et des mangeailles ne suffit pas, qu'elle ne supplée pas à la quantité. Ce à quoi il peut ne pas penser, c'est que ce défaut d'une nourriture appropriée au type de la jument poulinière et pleine nuira au produit dans le ventre de la mère; c'est qu'il nuira au poulain laiteron, qui ne trouvera point assez de lait pour acquérir cette stature, cette corpulence recherchée, et qui risquera d'être décousu dans son ensemble, d'être manqué, comme on dit, et d'un moindre prix.

Nous répétons donc que l'éleveur du Perche ne doit chercher qu'exceptionnellement, très-exceptionnellement à élever les chevaux les plus grands, les plus étoffés, les chevaux de gros trait, mais

qu'il doit plus particulièrement se livrer à l'éle
vage du cheval de taille un peu élevée et de corpulence moyenne, tel que les moindres que le
service des omnibus nous demande.

Quant aux chevaux plus petits et généralement
moins distingués qu'on trouve dans le Perche,
nous vous dirons, cultivateurs du Perche, que
c'est bien votre faute si vous n'en produisez pas de
plus avantageux. Avec un peu plus de soins, avec
des soins qui vous coûteraient bien peu de peines,
soins que nous indiquerons tout à l'heure, vous
parviendrez tous facilement à faire des chevaux,
sinon aussi forts que les forts chevaux d'omnibus,
au moins des chevaux d'attelage distingués, aptes
à toute sorte de services et même propres à la
cavalerie.

En effet, quand on voit le peu de soins dont vos
poulinières et vos poulains sont entourés, on se
dit, il faut que le Perche soit un pays bien favorable au cheval pour qu'on l'ait appelé *le Perche
aux bons chevaux*. Voyons donc ce qu'il y a à
faire pour améliorer l'élevage.

2.

## § II. — Bien choisir les poulinières.

La bonne jument est la source des bons chevaux. Sans bonnes juments point de bons poulains. Vous savez cela tout aussi bien que moi ; c'est probablement une des raisons qui vous font vous inquiéter si peu des étalons et qui vous font accepter le premier étalon-coureur venu. En effet, vous savez qu'avec un étalon médiocre et de bonnes et solides juments vous aurez de très-bons poulains, tandis qu'avec le plus bel étalon du monde et de médiocres juments vous n'aurez que de pauvres poulains. C'est parce que vous savez cela que vous dites à ceux qui s'occupent de mesures administratives propres à encourager l'élevage des bons chevaux : Donnez donc des primes aux meilleures poulinières et aux meilleures pouliches et ne vous occupez pas autant des étalons. Mais me voilà lancé dans les mesures de l'administration des haras ; administration qui, contrairement à ce qu'elle désirait produire (de bons chevaux), a plus pensé à avoir de beaux étalons, des étalons à la mode que de bonnes juments. Mais revenons bien vite à notre affaire, au choix de la jument.

Dans le paragraphe qui précède, j'ai dit qu'il fallait dans notre Perche laisser à quelques localités l'envie d'avoir des juments de gros trait; j'ajoute ici que le cheval de moyenne stature et de corpulence, quand il est bien fait, un peu svelte, acquiert un prix qui égale et surpasse même parfois celui du cheval de gros trait. Vous me répondrez peut-être que vous ne vendez pas de chevaux, mais seulement des poulains; c'est vrai; mais celui qui achète vos poulains verra bien si votre poulain promet d'être un cheval élégant; il verra cela aux formes de la mère d'abord s'il achète en présence de la mère; dans l'autre cas, il le soupçonnera à l'aspect, aux formes même du poulain; il le verra mieux avec ses yeux, avec son habitude, mieux que par tous les signes que je pourrais indiquer ici. Vous distinguez vous-même ce poulain mieux que moi. Recherchez donc dans vos poulinières, en même temps que la taille, un certain degré d'élégance.

Un mauvais conseil à ce sujet pourra peut-être vous être donné; ce conseil sera de rechercher une jument provenant d'un croisement avec une race plus noble que la percheronne; de rechercher une jument qui aura, comme on dit, un peu de sang, qui aura un peu de sang anglais : on vous dira que ce sang anglais donnera, aux poulains issus de ces juments croisées, de la vigueur, de la vivacité, en même temps que des formes plus à la mode : gardez-vous, à tout prix, d'un pareil conseil ; non-seulement vous ôterez aux poulains ce cachet de race locale qui les fait dire percherons, mais vous risquerez d'avoir des poulains décousus, mal bâtis, que les éleveurs de poulains refuseraient, ou dont ces éleveurs ne donneraient qu'un prix inférieur, en rechignant encore : ces tentatives de croisements sont très-difficiles, très-scabreuses ; elles doivent être laissées aux amateurs qui peuvent faire des essais et suivre plusieurs générations ; elles doivent être laissées de côté par tout petit cultivateur qui a son fermage annuel à payer et ses enfants à établir. Au lieu de sang anglais on pourra vous parler de sang arabe. — Rejetez sang arabe comme sang anglais. Pour faire des chevaux de selle c'est bon ; mais pour avoir nos poulains percherons, nos poulains légers d'omnibus, nos poulains de grosse cavalerie, rejetons tout sang étranger ; rejetons tout ce qui paraît ne pas avoir le type percheron bien prononcé. C'est l'avoine qui fait les races vigoureuses. Le pur sang anglais, c'est le coffre à avoine. Nous reviendrons plus loin sur ce sujet.

Quoique je vous aie dit que vous distinguez aussi bien que moi le cachet de l'élégance, disons-en cependant un mot : — De grands yeux; — une tête petite, mince vers le nez et la bouche, sèche, avec une peau fine sans gros poils, bien détachée de l'encolure; — une encolure détachée aussi du garrot, peu chargée de crins; — le garrot bien sorti; — la jument a naturellement le corps plus long que le cheval, que le corps ne soit pas trop long cependant; — que le dos soit droit, horizontal avec la croupe, gardez-vous bien d'un dos ensellé; — que le tronçon de la queue soit mince, attaché dans le haut de la croupe; — rejetez la jument qui a la queue attachée trop bas; — puis aussi celle qui a la croupe étroite d'un côté à l'autre et raccourcie d'avant en arrière; une croupe étendue promet généralement une sortie plus facile au produit de la conception; c'est en même temps l'indice de belles allures dans les membres postérieurs; — de même qu'un poitrail large est le présage d'une facilité dans les allures des membres antérieurs, c'est en même temps le présage d'une bonne poitrine; — recherchez des membres bien d'aplomb, des membres larges, peu chargés de crins ; — des touffes de crins ébouriffés aux boulets et aux canons s'accompagnent d'une peau épaisse qui cache les éminences osseuses et tendineuses ; elles indiquent des races communes peu soignées, et laissent la crainte d'une certaine propension aux maladies particulières à ces régions du corps ; — une peau fine sur toutes les parties du corps fait plaisir à voir, à toucher ; c'est en même temps un signe de bons soins, de bonne race; c'est une recommandation pour l'acheteur des poulains qui les voit à côté de leurs mères. Je ne voulais pas vous dire tout cela, puisque vous le savez aussi bien que moi; mais la force d'habitude, mais l'amour des beaux et bons chevaux m'a entraîné : j'en serai quitte pour être accusé de bavardage. Encore un mot cependant. J'ai sur le cœur un poids dont il faut que je me décharge.

De par le Monde on dit : plus de robes grises! Envoyez, croyez-moi, promener ce Monde-là. Ayez des robes grises si le commerce vous les demande, et le commerce continuera à vous les demander. Ce sont de belles robes; le Monde qui les proscrit ignore que le plus grand nombre des chevaux qui les premiers ont été amenés d'Asie,

comme étalons de selle, avaient la robe grise :
ce Monde-là semble ignorer encore que ce n'est
pas la robe qui fait le . . . bon cheval ; que c'est,
je le répète, le coffre à avoine ; que c'est le coffre
à avoine qui a fait et qui perpétue sa race des
chevaux de course, sa race des chevaux dits de
pur sang. Parce que quelques chevaux à robe
grise ont été d'une moins forte constitution,
parce qu'ils ont été battus dans quelques grandes
courses, il faudrait proscrire la robe grise ! Pourquoi alors ne pas proscrire les robes baies, les
robes alezanes, sous le prétexte qu'il y a eu de
mauvais chevaux sous ces robes ? Envoyez donc
promener, croyez-moi, tout ce Monde avec sa pré-
vention : non pas que je proscrive tout ce que fait
ce Monde ; non pas que je proscrive, par exemple,
ses grandes courses de chevaux : non, je ne les
proscris pas ; mais c'est une autre affaire ; mais,
malgré leurs avantages, ces courses n'ont que
faire avec nos poulinières du Perche ; elles vien-
draient tout gâter.

Une robe grise, pommelée, avec une crinière
et des jambes noires, est une magnifique robe, et
l'animal est aussi bon que tout autre.

C'est ici le lieu de dire que vous devez faire

grande attention encore à l'allure de vos poulinières; l'acheteur de poulains y voit un bon signe
pour ceux-ci. Un pas allongé, un trot libre, franc,
bien développé promettent que le cheval de service parcourra rondement le chemin, que ce sera
un cheval de trait léger. Mais, si, d'une part, vous
devez faire attention à la belle allure de vos poulinières, gardez-vous, d'autre part, de les conduire
aux courses au trot. Ces courses peuvent être
bonnes pour faire juger le mérite des étalons, pour
vous faire voir quelles sont les allures que vous
devez rechercher dans vos poulinières; assistez-y
donc! mais gardez-vous, je le répète, d'y conduire
vos juments : ces courses, toujours plus ou moins
forcées, peuvent nuire à leur santé: n'y envoyez
que les juments dont vous voulez vous défaire,
ou plutôt ne les envoyez qu'au marché. Pour l'é-
leveur de juments poulinières, ces courses ne
peuvent être qu'une source de déceptions et de
pertes.

Après avoir dit les qualités à rechercher, il faut
signaler les défauts à éviter. Ici je n'hésite pas à
vous conseiller, parce que vous, éleveurs percherons, quelques-uns au moins, n'attachez pas à
ces défauts les conséquences fâcheuses qu'ils en-
traînent.

Ce sont d'abord ce qu'on appelle des *tares*, puis ensuite des *maladies* ; *tares* et *maladies* qui semblent ne pas affecter la santé. Les tares sont, d'une part, ces tumeurs dures qu'on rencontre sur les articulations, aux jarrets, aux genoux, aux boulets, sur les canons, et qu'on appelle suros, courbes, exostoses, etc., et, d'autre part, ces tumeurs molles qu'on remarque sur ces mêmes parties et qu'on appelle mollettes, vessigons, et qui sont des tumeurs synoviales. Il est vrai que, si ces tumeurs sont la suite d'un accident, d'un coup, d'une chute, d'un exercice forcé, il est vrai, dis-je, qu'elles ont moins d'importance, en ce qu'on peut croire qu'elles ne seront point héréditaires : mais, si elles se sont produites sans cause connue, elles peuvent être, ou plutôt elles doivent être le fait d'une constitution molle, lymphatique, que la jument peut transmettre à sa descendance. Nous regardons encore, comme un grand défaut, des jarrets, des genoux, des boulets qui sont ronds, dont on ne voit pas, dont on ne sent pas bien les contours sous la peau, dont la peau est grossière, chargée de gros poils : c'est généralement encore un signe de race commune, mal soignée. Je l'ai déjà dit.

3

Enfin, des pieds trop gros, mal conformés, ou trop petits, sont encore un mal à éviter. — Nous autres, cultivateurs, nous ne pensons pas assez à la puissance de l'hérédité.

Si des défauts nous passons aux maladies, la sévérité dans ces causes d'exclusion doit s'augmenter encore. Ces maladies, qui quelquefois, je le répète, laissent l'apparence de la santé, sont la pousse, le cornage, l'épilepsie, les eaux aux jambes. Parce qu'on a vu des juments attaquées de ces affections ne pas les transmettre toujours à leur poulain, on a cru pouvoir se servir de ces juments à la reproduction. C'est une faute, une faute grave; la transmission se manifeste assez souvent chez le jeune poulain : puis la réputation du petit haras en souffre; et alors les poulains, fussent-ils les meilleurs du monde, sont dépréciés; on ne vient plus les enlever chez l'éleveur, et on a raison.

Il est un autre fait dont vous, éleveurs percherons, vous rendez trop facilement coupables, passez-moi le mot; c'est de vendre vos belles pouliches, au lieu de les garder pour remplacer leurs mères. Vous vous laissez tenter par le prix qu'on vous en offre. C'est une faute, une grande faute. Non-seulement les belles pouliches font les belles poulinières, mais encore vous vous privez par là de l'avantage d'avoir votre petit haras entretenu par l'hérédité d'une série de juments du même sang du côté de la mère au moins, et d'avoir ainsi une fixité dans ses productions. En achetant des poulinières du dehors, vous ôtez à l'acheteur de poulains la certitude que, dans les produits de votre écurie, de votre petit haras, il trouvera sûrement des qualités qu'il ne trouvera pas ailleurs ; c'est ôter à l'acheteur la croyance qu'avec un peu de soins vos poulains, fussent-ils, en apparence, un peu inférieurs, récupéreront les bonnes qualités particulières qui distinguent votre écurie.

Mais, direz-vous peut-être, vous comptez donc pour bien peu l'étalon dans la génération, comparativement à la jument? Oui, *je le compte pour bien peu.* Est-ce que l'étalon met onze à douze mois à former le poulain? Est-ce que, pendant onze à douze mois, il le fait participer à son bon état ou le fait souffrir de son mauvais état comme le fait la jument? Si, dans le moment de la génération, l'étalon et la jument ont la même puissance, qui des deux, dans les onze ou douze mois

qui suivent, fait le bon et beau poulain? qui des
deux lui donne une santé robuste? Y a-t-il le
moindre doute à cet égard? Vous, éleveurs, je le
répète, doutez-vous que, avec un médiocre étalon
et cinquante bonnes juments, vous ne puissiez
avoir près de cinquante bons poulains, tandis
que, avec un très-bel et très-bon étalon et cinquante mauvaises juments, vous n'obtiendrez que
de mauvais poulains?

Vous n'en doutez certainement pas. Ayez donc,
par l'hérédité, en conservant vos plus belles pouliches, la chance presque certaine d'avoir toujours de belles et bonnes productrices. Ne vendez
donc jamais vos belles poulinières, et conservez
précieusement vos plus belles pouliches pour remplacer leurs mères.

### § III.—Bien loger les poulinières.

C'est ici que nous allons nous disputer, peut-
être. C'est bon, direz-vous, de conseiller de bien
loger les poulinières; mais construire une bonne
écurie, quand nous autres ne sommes que petits
fermiers, toujours incertains si notre bail sera
continué, si nos enfants en profiteront: non, nous

ne le pouvons pas.—C'est ce que nous allons voir, en énumérant les améliorations peu coûteuses que vous pouvez faire.

Écuries.

a. *Aération.* — Quand, le matin, vous entrez dans l'écurie, qui, dans la saison d'hiver, a été fermée la nuit, et qu'en entrant vous avez peine à respirer et sentez une mauvaise odeur, croyez-vous que vos juments se trouvent bien de respirer un pareil air? Quand, en ouvrant la porte, vous voyez une vapeur sortir de l'écurie; quand vous voyez des gouttes d'eau courir le long des murs, dites si vous voudriez coucher dans une chambre qui serait aussi mauvaise; dites si le Docteur ne vous conseillerait pas de faire cesser au plus tôt cet état de votre habitation pour conserver votre santé, pour conserver celle de votre famille. Certainement le Docteur vous le dira; et s'il voit que votre fils, que votre domestique couchent dans cette écurie, comme cela est encore trop commun, quelquefois faute de chambres, et souvent sous l'incitation d'être plus chaudement couché dans la mauvaise saison; s'il voit cela, le Docteur vous dira : ôtez de là tout de suite votre fils, ôtez votre domestique, couchez-les tout autre part où ils ne respirent pas cet air humide, nauséabond, cause malheureuse de maladies et de constitutions détériorées ; cause de scrofules , comme on en voit dans les campagnes, dans le Perche, où l'air est cependant si sain.

Eh bien ! croyez-vous que ce qui est si mauvais pour l'homme soit bon pour vos poulinières ? Vous ne pouvez le croire. Voyons donc ce qu'il y a à faire.

D'abord, tâchez de vous entendre avec le propriétaire et de l'engager à vous seconder à donner de l'air à l'écurie.

Je suppose, cependant, que ce propriétaire ne le veuille ou ne le puisse pas, vous devez alors faire l'opération suivante ; elle ne vous coûtera pas cher. Vous êtes souvent un peu maçon ou un peu menuisier, vous la ferez vous-même, avec votre fils, avec votre garçon de cour.

*Cheminée d'aération.* —Percez le plancher dans un des côtés de l'écurie, entre le mur et la première solive, dans une longueur de 60 centimètres au moins. Si la solive est trop près du

mur, percez encore le plancher entre la première
et la seconde solive, et sur cette ouverture éta-
blissez, à travers le grenier, une cheminée de la
dimension que nous venons d'indiquer, soit en
briques, soit en planches, vous n'avez pas à
craindre le feu ; élevez la cheminée toute droite
jusqu'au toit, percez le toit, comme vous avez
percé le plancher, et faites sortir la cheminée de
quelques pieds au-dessus du toit, de manière
qu'elle ait au moins 4 mètres de l'ouverture inférieure à l'ouverture supérieure. Voici à quoi
elle servira.

Vous savez que les trous qui sont percés dans
les murs latéraux établissent, sur la tête, sur le
corps des animaux, des courants d'air froid qui
causent des maux d'yeux, des rhumes, des ca-
tarrhes, la gourme, des fluxions de poitrine, des
coliques. Les portes coupées par moitié dans leur
hauteur ont aussi cet inconvénient. C'est pourquoi en hiver vous bouchez les trous, vous fermez
les moitiés de porte, et vous produisez ainsi les
maladies qui sont la suite de la respiration d'un
air renfermé et vicié. Eh bien ! les cheminées
dont je viens de parler n'ont pas les inconvénients de ces trous percés dans les murs et les

inconvénients des moitiés de portes restées ou-
vertes.

L'air de l'écurie, échauffé par les animaux,
tend à s'élever; il trouve, au niveau du plancher,
l'ouverture de la cheminée; il entre dans cette
ouverture et s'échappe par la partie supérieure,
entraînant avec lui, en partie, la mauvaise odeur,
l'humidité et certains gaz malsains. Il est rem-
placé d'une manière insensible, et par conséquent d'une manière qui ne peut nuire aux animaux, par l'air du dehors, plus froid, plus pesant,
et qui entre par toutes les petites ouvertures qui
se trouvent dans les joints des portes et des fenêtres. Cet air sain entre par-dessous la porte, par
la porte quand on ouvre celle-ci; il entre même
par la cheminée d'aération, quand celle-ci a les
dimensions que nous venons d'indiquer. Voici ce
qui se passe alors. A côté de l'air chaud qui sort,
un courant d'air froid descendant se produit; il
y a alors deux courants d'air dans le tuyau; ceci
a lieu ou d'une manière continue ou d'une manière alternative, mais toujours d'une manière
insensible pour les animaux; l'air qui arrive d'en
haut perd de sa fraîcheur en descendant dans la
cheminée, et surtout en se mêlant à la couche

d'air chaud qui avoisine le plancher. Il n'y a pas ainsi d'invasion subite d'air froid, et cependant l'air est renouvelé.

Un cultivateur, mon voisin, d'après mon exemple, a fait construire en briques une pareille ventouse dans sa vacherie. Non content de l'assertion du maçon, qui disait que la mauvaise odeur s'échappait par la cheminée, il monta sur le toit pour se renseigner par lui-même et redescendit enchanté. L'hiver suivant lui apporta mieux encore la confirmation des bons effets de sa cheminée d'aération.

Mais une cheminée ne suffit pas ordinairement; quand il y en a deux, l'aération est bien plus efficace. On place une des cheminées à l'un des bouts de l'écurie et l'autre cheminée au bout opposé, et autant que possible dans les coins, pour qu'elles ne soient point au-dessus d'une poulinière.

Une faute grave arrête malheureusement la propagation de ces cheminées d'aération; par manque d'expérience on les fait trop petites, on emploie des poteries de quelques pouces de diamètre, et l'air ne circulant pas ou que trop lentement dans ces tuyaux trop étroits, on regarde les ventouses comme inutiles. Une autre faute a été commise. Des cultivateurs se sont contentés de percer le plancher, et de donner ainsi une ouverture dans le grenier. Mais dans la mauvaise saison ces ouvertures sont glaciales pour les animaux, on est obligé de les boucher; et c'est dans l'hiver surtout que le manque d'aération se fait sentir quand on tient les portes et les fenêtres fermées.

Nous ne saurions trop recommander ces cheminées d'aération, d'après notre propre expérience et d'après ce que nous savons des personnes qui les ont fait établir dans de bonnes proportions; il y a cent ans que Tessier, un Beauceron, l'un des ardents propagateurs des mérinos, les a conseillées (1).

(1) Tessier, *Observations sur les maladies du bétail.* — Tessier est aussi l'auteur de l'ouvrage intitulé : *Instruction sur les bêtes à laine, particulièrement sur la race des mérinos.*

Voici les dessins de ventouses conseillées par *Tessier* (1).

(1) Ces deux gravures sont extraites du *Traité des cons-truclions rurales et de leur disposition*, par L. BOUCHARD. 3 vol. in-8.

Nous ne finirons pas cet article sans dire que, si, dans les moments de vents impétueux, on s'apercevait que des rafales s'engouffrent dans la cheminée et arrivent dans l'écurie jusque sur le corps des poulinières, il faudrait élever la cheminée de manière à faire cesser cet effet.

Ces cheminées ou ventouses d'aération ne coûtent certainement pas beaucoup à établir.

b. *Sol.* — J'ai vu des écuries dont le sol est au-dessous du niveau du sol environnant. Ce sont les pires écuries. L'urine y séjourne, — la litière est toujours mouillée, — les pieds des juments, des poulains sont dans la fange. Toujours là les animaux ne pourront avoir que des jambes chargées de poils grossiers, avec une peau épaisse, avec des paturons et des boulets gros, presque engorgés et quelquefois maladifs. Quelle élégance pourront avoir vos juments avec de pareilles ambes? Les acheteurs de vos poulains n'espéreront pas que ceux-ci soient différents de leur mère. De plus, ce sol toujours imprégné d'urines exhale cette mauvaise odeur, cette buée malsaine dont nous venons de parler.

Quelques tombereaux de cailloux et de terre

que vos poulinières amèneront, quelques journées de main-d'œuvre pour unir la terre et pour la tasser ne feront pas sortir de vos épargnes beaucoup d'argent.

Une seconde prescription, c'est *que le sol soit composé d'une terre dure, compacte*, dans laquelle l'urine ne puisse s'infiltrer ; c'est qu'il soit disposé en pente douce d'un côté pour que l'urine puisse s'écouler facilement ; c'est qu'il faudrait, s'il est possible, *que ce sol fût pavé* en pierres dures, ou en briques.— Mais la dépense? c'est vrai. Si vous n'êtes que fermier, dites donc au propriétaire et tâchez de lui persuader que, si son fermier s'enrichit, le fermage pourra augmenter.

En élevant le sol au-dessus de celui de la cour, au-dessus des terrains environnants, la hauteur de l'écurie diminuera ; les juments auront moins d'air à respirer dans les nuits d'hiver, et pour un mal disparu vous en créerez un autre, direz-vous : cela pourrait être vrai ; mais, si une écurie à plancher bas n'est pas saine, vous pouvez remédier en grande partie au défaut, au moyen des cheminées d'aération dont nous venons de parler. C'est plus que jamais alors le cas d'avoir, au moins, deux de ces cheminées et quelquefois plus, si l'é-

.curie est grande, si les juments sont quelque peu nombreuses.

Un moyen de remédier à l'inconvénient d'une écurie à sol plus bas que le terrain environnant serait la construction d'un petit canal souterrain, qui passerait sous le mur de l'écurie et conduirait les urines au dehors, à quelque distance, dans une fosse à engrais. Mais la position de l'écurie ne permet pas toujours ce moyen, et il a l'inconvénient de donner à l'air la facilité d'entrer dans l'écurie par le conduit souterrain en ramenant des courants chargés de la mauvaise odeur du conduit. Si on était obligé d'avoir recours à ce canal, il faudrait que l'ouverture fût en dehors de l'écurie, en plein air, pour que la mauvaise odeur ne rentrât pas dans l'écurie. Mieux, bien mieux est d'élever le sol de l'écurie, d'élever le plancher et d'établir des cheminées d'aération.

Que toujours donc le sol de l'écurie soit plus haut que celui des terrains environnants, et que l'écoulement des urines soit facile; sans cette condition, tout autre moyen d'amélioration perdrait de son efficacité.

Ces améliorations encore ne demandent pas

une grande dépense ; elles ne demandent qu'une volonté ferme d'agir.

Je viens de dire que le sol devait être en pente pour l'écoulement des urines au dehors. Cette pente doit se faire du râtelier à la partie opposée, afin que, quand la jument est attachée au râtelier, les pieds de devant soient tout à fait exempts d'humidité. La corne de ces pieds est plus tendre que celle des pieds postérieurs, elle redoute davantage l'humidité. On a aussi reconnu que les chevaux, quand ils se couchent, placent toujours la partie antérieure du corps sur le point le plus élevé du sol ; il faut satisfaire cet instinct, basé sans aucun doute sur le bien-être. Un soin encore à prendre, c'est que la pente soit douce ; 3 centimètres par mètre suffisent jusqu'au ruisseau. Une pente plus prononcée pourrait avoir l'inconvénient de nuire à l'aplomb naturel des jambes. Un ruisseau pour conduire les urines au dehors devient nécessaire au plus bas de la pente du sol : on ne saurait trop entretenir ce ruisseau en bon état de propreté.

c. *Litières.* — Dans tous les cas, ne vous avisez pas, comme font quelques éleveurs, de laisser séjourner les litières dans l'écurie sous les pieds des poulinières, dans le double but, d'une part, de faire des fumiers consommés, et, d'autre part, d'éviter un peu de main-d'œuvre, celle de tirer les fumiers hors de l'écurie tous les jours. La mauvaise odeur et l'humidité qu'ils donnent en peu de temps reproduiraient les inconvénients que nous venons de signaler. Ces inconvénients se produiraient même dans les meilleures écuries. Cette main-d'œuvre de curer journellement, ou tous les deux jours au moins, les écuries, quand elle est combinée, dans la ferme , avec d'autres travaux journaliers, est peu onéreuse. Le sol qui est débarrassé des fumiers toutes les vingt-quatre heures, et en pente, quoique non pavé, s'imprègne plus difficilement des urines , et n'exige, par conséquent, pas le travail de *son enlèvement et de son renouvellement;* opérations qu'il est toujours indispensable de faire de temps en temps quand le sol n'est pas pavé.

d. *Lumière.*—Les écuries étant ainsi ventilées, vous pouvez boucher les ouvertures pratiquées dans les murs; ouvertures qui, avons-nous dit, sont si souvent nuisibles à la santé. Mais vous

pouvez les remplacer par des châssis vitrés à demeure, mais mieux par des châssis vitrés et ou-
vrants. Il faut du jour dans les écuries. Les animaux y sont plus gais, plus vifs, mieux portants.
Ils aiment la lumière. Voyez, quand ils sont libres
dans l'écurie, et quand la porte est en deux mor-
ceaux et le morceau supérieur ouvert, ils ont
presque toujours la tête à la porte. Il leur faut de
la lumière, dis-je, et puis ils s'habituent mieux
ainsi à tout ce qui se fait autour d'eux, ils le
voient, et n'en sont que plus doux. Pour les jours
froids où il est utile de fermer les portes, il est
donc utile que quelques châssis vitrés viennent
donner de la lumière dans l'écurie.

e. *Barres de séparation à rejeter.* — On est
obligé quelquefois d'attacher les juments les unes
à côté des autres dans l'écurie. Il faut se garder
alors de les séparer par des barres en bois suspen-
dues et flottantes. Ces barres sont cause d'une
foule d'accidents. Il vaut mieux, dans ce cas, ne
rien mettre entre les poulinières. Celles qui sont
hargneuses doivent être placées à part dans des
loges ou boxes, dont nous allons parler tout à
l'heure.

4.

**f. *Râteliers.*** — Les râteliers inclinés ont le
grave inconvénient de laisser tomber des brins de
fourrages et de la poussière sur la tête des juments et sur leur crinière. Quand on brosse et
panse journellement les animaux, c'est un petit
mal, mais, quand on ne fait pas cette toilette
(et combien peu de cultivateurs ont ce soin),
c'est un grand mal. La crinière se salit; la peau,
couverte de poussière, devient épaisse, calleuse,
même sujette à des démangeaisons; et cette fâcheuse défectuosité d'une peau épaisse de la crinière tend à se reproduire par l'hérédité, à devenir
l'héritage des poulains; et, comme vous le savez,
ces vilaines crinières sont un signe de déprécia-
tion. Ayez donc, s'il est possible, des râteliers à
barreaux droits, et, comme cela n'est pas facile,
comme ce serait dispendieux, faites souvent, faites
tous les jours, en hiver, la crinière et même la
queue à vos juments : un coup de peigne est sitôt
donné !

**g. *Propreté.*** — Par cette même raison de propreté, nettoyez de temps en temps les planchers
entre les solives ; débarrassez-les des toiles d'araignées qui laissent tomber sur les juments une

foule d'ordures, et ne souffrez aucune ouverture, aucune fente entre l'écurie et le grenier; ce sont autant d'issues par lesquelles les poussières du grenier viennent salir vos juments. Je sais bien qu'on dit que les toiles d'araignées servent à prendre les mouches et à en débarrasser les écuries et les animaux. Mais quel petit bien pour un grand mal! D'ailleurs, en été, vos juments sont toujours dehors, et, dans l'hiver, où sont les mouches?

h. *Propreté des murs.* — Il est encore une amélioration à faire dans beaucoup d'écuries des fermes du Perche; c'est de crépir les murs en mortier, de manière à les rendre unis et blancs. Non-seulement les insectes de toute espèce ne viennent pas se fourrer entre les pierres, mais la mauvaise odeur des urines et des excréments ne vient pas s'y loger et y rester stationnaire avec les poussières, avec les cadavres des insectes. L'écurie en est beaucoup plus saine, plus gaie, et, au besoin, les nettoyages y sont plus faciles.

i. *Portes.* — Il n'est pas besoin de dire que les portes doivent être très-larges pour que les juments pleines ne risquent pas de s'y blesser en entrant et en sortant. Vous savez cela aussi bien que moi. Vous savez encore qu'elles doivent être en deux parties superposées, s'ouvrant séparément.

j. *Loges.* — Enfin il faut, pour les écuries des poulinières, des dispositions particulières.

La jument pleine ne doit point, autant que possible, être attachée dans l'écurie pendant les derniers mois, surtout dans le dernier. Elle doit être tout à fait libre. Elle ne doit porter qu'un licol pour qu'on puisse, au besoin, la saisir. L'écurie sera donc assez large en tous sens pour que la jument puisse s'y retourner à l'aise, sans ployer le corps et sans risquer de blesser le poulain si elle est nourrice. Si l'écurie est assez grande pour contenir plusieurs juments, il faut qu'elle soit divisée en compartiments par des cloisons solides qui forment autant de grandes loges qu'il y a de juments. Il faut, par suite, que les entrées de ces loges soient indépendantes l'une de l'autre, de manière que la jument et son poulain puissent y entrer et en sortir sans passer par la loge voisine. Cela peut occasionner, pour l'écurie, quand elle

est grande, plusieurs portes et la nécessité d'autant de petites portes particulières qu'il y a de
loges.

Il n'est pas nécessaire que la cloison qui sépare
les loges empêche les juments de se voir. Il vaut
même mieux que les juments se voient. Elles se
connaissent alors, et, quand on les met ensemble,
soit aux pâturages avec leurs poulains, soit dans
la cour, on n'a pas à craindre de batailles.

Le dessin suivant indique suffisamment la disposition de ces loges ou boxes.

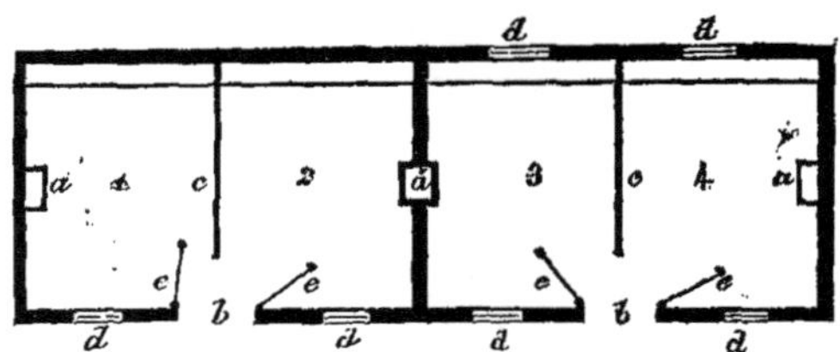

1, 2, 3 et 4.   Loges ;
c, c.           Cloisons de séparation des loges ;
a, a.           Cheminées d'aération ;
a.              Cheminée d'aération commune aux loges
                2 et 3, et placée sur le mur qui sépare
                l'écurie en deux parties ;
b, b.           Portes communes pour deux loges s'ou-
                vrant à l'extérieur ;

*e, e, e, e.*    Petites portes particulières à chaque loge
et s'ouvrant à l'intérieur de la loge ;
*d, d, d, d, d, d.* Châssis vitrés pour donner du jour aux
loges.

k. *Exposition.*— Quand l'écurie est construite,
il n'y a pas moyen d'en changer l'exposition, et
de placer ses portes et fenêtres au levant. L'exposition à l'est est cependant la meilleure pour tous
les animaux, dans nos climats. Si donc vous avez,
à l'exposition de l'est, un bâtiment que vous puissiez transformer en écurie, faites cette transformation. Le soir, les animaux recherchent l'ombre
pour reposer, et, le matin, ils recherchent la lumière : c'est instinctif ; c'est tout ce que vous
voudrez ; mais c'est un fait que la physiologie
explique.

l. *Cours* et *enclos.* — Nous avons dit, en par-
lant du sol des écuries, que ce sol devait être sec,
pour que les pieds des chevaux et le bas des
membres fussent à l'abri de l'humidité ; que, dans
le même but, il ne fallait pas laisser séjourner les
fumiers dans les écuries. Eh bien, par les mêmes
raisons, dans le même but, il faut qu'il en soit

de même des cours ou petits enclos, proche la maison ; enclos où on place souvent la jument et son poulain une partie du jour. Il faut que le sol de ces cours soit sec, il faut qu'il soit dur, cail-louté ; autrement le piétinement continuel, par les temps humides, dans les urines, dans les crot-tins, forme une boue qui s'attache aux jambes et produit les grosses jambes et les maux déjà signa-lés.

Quand l'acheteur, je le répète, voit, chez la pou-linière et le poulain, des boulets peu chargés de crins, des paturons dégagés, bien dessinés, il de-vine une bonne race, et il achète plus facilement.

m. *Abris au pâturage et aux champs.* — Dans notre Perche, les variations de température non-seulement sont brusques, mais encore elles se font à un haut degré d'intensité. A une grande chaleur pendant le jour, dans la belle saison, succèdent, parfois, le soir et la nuit, un froid et une humi-dité presque glacials pour nous : si ces change-ments de température sont moins sentis par les juments, vous voyez néanmoins les animaux re-chercher les endroits où ils peuvent se soustraire à ces influences ; vous les voyez se rassembler sur

ces endroits, vous voyez le poulain se serrer
contre sa mère. Une bonne méthode est donc de
construire des *abris* temporaires au moins. Des
éleveurs choisissent un point sec de la pâture, le
long d'une haie qui garantit des vents d'ouest et
du nord, et ils y établissent un hangar fermé du
côté de ces mauvais vents et couvert, soit en
planches, soit en bourrées s'il n'est que tempo-
raire, et couvert en chaume quand le hangar
doit rester à demeure. Les animaux indiquent
eux-mêmes l'endroit le plus favorable de la pâture
en s'y rassemblant, comme je viens de le dire,
dans les mauvais jours.

J'ai vu dans les grands haras de la Hongrie un
abri qui pourrait être imité. Il consiste en trois
murs disposés de la manière suivante :

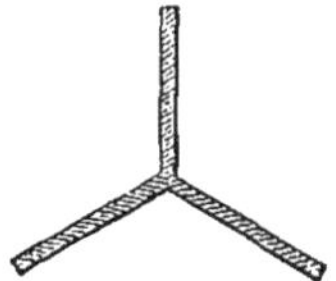

Quel que soit le côté d'où souffle le vent, les
poulinières trouvent un refuge du côté opposé :
pour peu que ces murs soient élevés, elles y

trouvent encore un peu d'ombre, quand le soleil est trop ardent.

## § IV. — BIEN NOURRIR LES POULINIÈRES.

Tout le monde l'a dit, il faut bien nourrir les poulinières, même quand elles ne sont ni pleines ni nourrices. Certainement il n'est pas nécessaire que la jument soit grasse, mais il ne faut pas qu'elle soit maigre, mais il ne faut pas qu'elle souffre, je ne dirai pas du manque de nourriture, elle n'en manque jamais, mais qu'elle souffre parfois d'une nourriture peu convenable. Si elle est saillie dans un mauvais état, il faut craindre que cet état se prolonge pendant la plénitude, et que le fruit de la conception en souffre. Des aliments de bonne qualité et suffisants sont toujours préférables à une forte alimentation en fourrages médiocres, et c'est par cette dernière alimentation que nous péchons souvent dans le Perche.

a. *Aliments secs.*—En hiver, les poulinières sont forcément soumises au régime des aliments secs : rarement on leur donne des carottes ou des panais : les aliments secs sont le foin, le trèfle, le sainfoin, la luzerne, un peu d'avoine, un peu de son. Ce sont d'excellents aliments sans doute, s'ils sont de bonne qualité, s'ils sont distribués d'une manière rationnelle; c'est donc de la manière de les donner qu'il faut dire un mot.

Le même aliment, tel bon qu'il soit, ne peut être donné longtemps d'une manière exclusive sans quelque inconvénient pour la santé; il faut donc l'alterner avec un autre, même journellement, s'il est possible. Si le foin des bonnes prairies naturelles peut être donné seul plus longtemps que les foins des prairies artificielles, c'est qu'il est un composé de beaucoup de plantes diverses : c'est une des raisons qui font que, dans la formation des prairies artificielles, beaucoup de cultivateurs mélangent ensemble le trèfle, la lupuline, le trèfle blanc, le ray-grass, le timothy-grass et d'autres graminées. Le fourrage que ces mélanges produisent est même plus appété par les animaux. Mais ce que vous, cultivateurs percherons, négligez trop, beaucoup trop dans l'intérêt de vos poulinières, c'est la culture de la carotte et du panais; une ration journalière de ces racines s'allie admirablement aux rations de fourrages secs de la poulinière qui n'est pas au pâturage, surtout si elle nourrit et si elle travaille. Tous ceux qui ont cultivé ces deux plantes, la carotte et le panais, pour les faire entrer en certaine quantité dans la nourriture du cheval, des poulinières surtout, sont unanimes sur leurs bons effets. J'ai connu un propriétaire-cultivateur, M. *Trochu* de Belle-Ile-en-Mer, qui pendant plusieurs mois nourrissait ses poulinières presque exclusivement de carottes, et ses poulinières travaillaient. Je laisse de côté le navet, la pomme de terre et même la betterave, quoique ces racines soient d'un si grand avantage pour le bétail à cornes et à laine. Je les laisse de côté pour le cheval, parce que leur emploi demande des précautions dans leur distribution, parce qu'elles ne sont pas assez fortifiantes.

Tout cela est pour arriver à cette conclusion, qu'il faut, quand vous en êtes réduits aux fourrages secs, les alterner les uns avec les autres, pour ne pas donner toujours le même, qu'il faut donc en cultiver de plusieurs espèces ; *qu'il faut cultiver les carottes et les panais, la carotte surtout*, pour la poulinière qui n'est pas dans les prairies.

Vous avez encore, pour l'hiver, une ressource

précieuse dans l'emploi d'une ration d'avoine ou de son, ou d'orge ou de seigle, mais vous aimez mieux vendre les deux derniers. N'oubliez pas, cependant, que les bonnes poulinières font les bons poulains, que la vente des poulains paye souvent le fermage, qu'il faut donc produire de bons poulains. Une ration journalière d'avoine, en hiver, est si bonne aux poulinières pour leur donner de bon lait, pour leur donner un bon poil, de la vivacité et, par suite, de l'élégance !

La bonne volonté d'indiquer les rations quotidiennes de fourrages à donner ne m'a pas manqué, mais la difficulté de bien déterminer ces rations est trop grande et m'a arrêté. On sait, en effet, que la qualité des fourrages n'est pas toujours la même, elle varie d'après les terrains, d'après les années plus ou moins favorables. La première coupe des prairies artificielles a d'autres qualités que la seconde coupe, le bon ou mauvais temps au moment de la récolte fait varier cette qualité. L'avoine, comme les fourrages, a bien des qualités différentes, le son lui-même n'est pas toujours aussi bon, aussi nutritif; puis la corpulence et la taille des poulinières, puis, enfin, l'appétit de chacune d'elles en particulier, doivent faire modifier, doivent faire varier la masse des aliments à donner et leur proportion respective. Comment donc spécifier par écrit des rations? Il faudrait un gros livre dont, peut-être encore, aucune des prescriptions infinies ne serait en rapport avec les ressources particulières ou momentanées de l'éleveur.

Heureusement vous connaissez votre localité, vos ressources, vos fourrages, vos grains; vous savez, par expérience, comment vos poulinières s'entretiennent en bon état. Permettez-moi alors de vous dire que vous ne vous occupez pas assez de ces questions, et de vous assurer que souvent vous attribuez la mauvaise mine, le pauvre état de vos poulinières à une cause fictive, tandis que la véritable est celle de la mauvaise qualité ou de la mauvaise distribution des fourrages, ou d'une distribution peu en rapport avec l'appétit de la poulinière. C'est par cette dernière cause que, bien des chevaux réformés dans la cavalerie deviennent d'excellents chevaux, quand, dans leur nouvelle position, ils trouvent une nourriture plus en harmonie avec leur appétit.

Je ne veux pas finir ce sujet sans dire encore un mot de la betterave. Ce n'est pas une racine qu'il faille donner en abondance aux juments; en petite quantité, cependant, coupée en tranches et mêlée au son, elle forme des rations excellentes qu'on peut donner *de temps en temps*. Mais, cultivée comme nourriture d'hiver pour les vaches, c'est un aliment délicieux qui donne du lait en abondance, un lait très-bon. En petites rations pour les bêtes à laine, elle s'allie admirablement avec la nourriture sèche d'hiver. Cultivez donc la betterave pour vos vaches, et un peu pour vos poulinières et pour vos moutons quand vous en avez. Beaucoup de vos terres sont assez profondes pour cette racine, et le climat y est très-favorable. En remplaçant la jachère, elle prépare plus admirablement encore que le trèfle la terre pour le blé. Mais, encore une fois, la carotte est préférable pour les juments. Si le champ donne beaucoup moins de carottes en poids, la carotte, sous le même volume, est beaucoup plus nourrissante; il en faut moitié moins, et elle n'est pas relâchante comme la première.

b. *Boisson*.— La poulinière soumise à la nourriture sèche a plus besoin de boire que celle au pâturage; il faut lui en donner deux fois par jour,

et lui donner de bonne eau. Sans aucun doute,
nous voyons tous les jours, dans le Perche,
abreuver les juments à des mares dont l'eau ré-
pugne, et nous entendons dire qu'elles préfèrent
cette eau. Soyez cependant bien certains qu'elles
ne la boivent que parce qu'elles y sont habituées,
et que la seule habitude leur a perverti le goût.
L'eau des mares, salie par les urines, par les
excréments, par les savonnages, n'est pas bonne.
Quand on est privé de ruisseaux d'eaux courantes,
l'eau de puits vaut mieux encore que l'eau de mare;
seulement, il faut laisser l'eau de puits quelque
temps à l'air avant de la donner; il faut l'agiter
avec un bâton, avec un balai propre. Les eaux
courantes des ruisseaux sont meilleures, parce
qu'elles contiennent plus d'air; l'eau de puits
n'en contient pas assez; l'agitation avec un balai
a l'avantage d'y en mêler. En été, où l'air est
plus chaud, beaucoup plus chaud que l'eau de
puits, celle-ci peut agir d'une manière glaciale
sur l'estomac, sur les intestins, sur la poitrine.
Vous savez tous que, quelquefois, l'homme attrape
mal parce qu'il a bu de l'eau trop froide, il en est
de même pour les chevaux, pour les juments
surtout quand elles sont pleines. Avant de donner

l'eau de puits, tirez donc cette eau trois ou quatre heures d'avance; elle perd de sa fraîcheur, elle s'échauffe; on peut même dire que le contact de l'air extérieur semble donner à l'eau de puits quelque bonne qualité ou lui en enlever quelque mauvaise. Des faits viennent à l'appui de ce dire. Une poignée de son, mêlée à l'eau, a aussi un très-bon effet. C'est une dépense, il est vrai, mais une bien bonne dépense dans beaucoup de cas, mais toujours très-bonne avec l'eau de puits.

c. *Sel*.— Pendant que la jument est nourrie au sec, il est bon, de temps en temps, de mêler un peu de sel à son avoine et au son qu'on lui donne. C'est encore une petite dépense; mais la bonne nourriture et la bonne écurie donnent de la no-blesse et, par suite, du prix à la poulinière; et vous pouvez dire, telle poulinière, tel poulain.

d. *Mise au vert*.—La mise au vert dans les prés et dans les prairies, aussitôt que la saison le per-met, est certainement ce qu'il y a de mieux. L'herbe des prés est la nourriture qui convient, par-dessus tout, à la poulinière pleine et nour-rice; c'est en même temps la nourriture la plus économique; on n'a point à la récolter, à la transporter. Vous savez cela mieux que moi. Il est cependant une chose à laquelle vous ne faites pas assez attention, c'est que les prés et les prairies ne sont pas tous également bons; c'est qu'il y en a de bons, de très-bons pour les vaches, et qui, à beaucoup près, ne le sont pas autant pour les juments. Vous connaissez ces prés, certainement, et cependant vous y placez vos poulinières, quoique vous voyiez qu'elles ne s'y entretiennent pas en aussi bon état qu'il serait à désirer, quoique vous voyiez qu'elles n'y ont pas bon poil. Nous le répétons à cette occasion, si la jument pleine souffre, le poulain à naître, puis le laiteron, se ressentiront de cette souffrance de la mère. Le lait de la mère, pour ce dernier, n'est pas aussi bon. Le jeune animal le fait voir parfois d'une manière marquée, en cherchant, au bout de quelques semaines, sa nourriture dans l'herbe; et, malheureusement, comme cette herbe n'est pas aussi bonne qu'il le faudrait, elle ne lui fournit pas ce qui manque au lait de la mère. Dans la mauvaise qualité de ces prés ou prairies, on trouverait souvent la cause de ces formes communes, de ce manque de vivacité, de ce tempérament lym-

phatique qu'on reproche parfois au cheval percheron.

Il vaudrait mieux réserver ces prairies, de qualité inférieure, pour les vaches, ou bien encore
les mettre en labour, si cela est possible. Une bonne
culture donnerait parfois de belles récoltes de
prairies artificielles, toujours préférables à de
mauvaise herbe, à de mauvais foin. Mais les
prairies ne coûtent rien à cultiver, penserez-vous,
tandis que les champs en culture c'est tout autre
chose. C'est vrai. Mais, d'un autre côté, combien
d'exemples ne vous montrent-ils pas que les frais
de mise en culture de ces mauvais prés sont lar-
gement compensés par la plus-value des nouveaux
produits qu'ils donnent? Vous serez forcés aussi
de nourrir vos poulinières plus à l'écurie. C'est
vrai encore; elles vous demanderont plus de
soins; mais, bien soignées, je ne puis trop le
répéter, elles acquerront un plus grand cachet
de distinction, dont l'hérédité dotera les poulains,
et dont un meilleur prix de vente de ceux-ci sera
le résultat.

Lors de la mise au vert, il est une précaution à
prendre, inutile souvent, soit! mais qu'il est toujours bon d'indiquer. Le vert est mangé, par

quelques bêtes, trop avidement, et des accidents peuvent en résulter : des coliques, par exemple. Il faut donc, le premier jour, ne mettre la jument au pré qu'après un premier repas, puis la rentrer le soir, et la soumettre à cette précaution trois ou quatre jours de suite avant de l'abandonner complétement dans le pré. La plus grande avidité sera alors passée, et ce premier danger sera évité. Il en est un autre. Quelques bêtes, malgré cette précaution, prennent rapidement au vert un embonpoint extraordinaire, et quelques-unes ont besoin d'en être retirées, si on ne veut les voir exposées à des congestions sanguines dangereuses. Il faut donc, dans le commencement, les surveiller attentivement.

Dans les exploitations où il n'y a ni prés ni prairies, le trèfle, la luzerne, le sainfoin remplacent l'herbe. Ordinairement on fait une première coupe qu'on récolte pour fourrage d'hiver, puis ensuite le champ est ou livré en pâture ou fauché de nouveau, et la plante donnée verte à l'écurie. Livrée en pâture, la plante, outre le gaspillage qu'elle éprouve, est mangée d'abord trop avidement et peut occasionner les accidents que nous venons de signaler ; il faut donc user de la même surveillance et des mêmes soins. Si, au contraire, la plante est coupée en vert et apportée à l'écurie, outre que le gaspillage est nul, on peut mesurer la quantité à donner à chaque bête. Je sais bien qu'il est plus facile de donner le fourrage à plein râtelier que de le mesurer; mais ce que je sais bien aussi, c'est que, dans ce dernier cas, les animaux mangent généralement trop; c'est qu'ils prennent du ventre; c'est que la nourriture, ainsi donnée, qu'elle soit celle des plantes vertes ou celle des fourrages secs, empêche, sous prétexte qu'elle est plus que suffisante, de distribuer de l'avoine; c'est qu'elle ne donne guère de vivacité aux animaux; c'est qu'elle contribue à la croissance de ces gros poils aux jambes, à la queue, à la crinière; en quelques mots, c'est qu'elle donne aux animaux du petit haras un aspect de race commune.

## § V. — Bien traiter les poulinières.

Dans ce qui précède, nous avons pu, jusqu'à un certain point, restreindre notre bavardage à ce qui intéressait plus particulièrement l'éleveur du cheval percheron; mais dans ce qui va suivre,

en fait d'hygiène, les règles sont les mêmes à peu-
près pour beaucoup de pays où l'on fait des poulains; elles sont inscrites dans une foule de bons
ouvrages; nous remettrons les plus importantes
sous les yeux en les résumant.

a. *Saillie.* — Nous sommes convenus que les
juments poulinières devaient toujours être en bon
état; il faut donc qu'il en soit ainsi au moment
de la saillie. Nous répéterons qu'il n'est pas nécessaire, cependant, que la jument soit en embonpoint, il est bon même qu'elle ne le soit pas.
A l'état d'embonpoint la conception est plus in-
certaine; il suffit donc que la jument soit dans un
bon état de santé.

C'est ordinairement quelques jours après la
mise bas, quand la jument est bien remise des
suites du part, qu'elle entre en chaleur, qu'elle
est disposée à recevoir l'étalon, et qu'elle conçoit
plus sûrement. Faites-la donc saillir à ce moment, s'il est possible; elle ne fait aucune dé-
fense, il n'est pas besoin de l'entraver, et une
seule saillie suffit. On peut cependant la présenter de nouveau à l'étalon deux ou trois jours
après cette saillie; mais, à la moindre résistance

de sa part, toute autre tentative doit cesser : il est probable qu'elle a retenu.

Si la jument, au lieu de se laisser saillir, refuse le mâle, ne la forcez pas à le recevoir, attendez qu'elle devienne naturellement en chaleur. Les saillies forcées ne sont pas fructueuses, rarement du moins. Les chaleurs dues à des médicaments, à des drogues ne le sont pas davantage. L'administration de ces drogues peut même avoir des suites fâcheuses pour la jument.

Le meilleur moyen d'exciter les chaleurs chez la jument, c'est de la mettre dans une écurie où elle puisse sentir les chevaux entiers et les entendre hennir ; mais les chevaux peuvent se tourmenter s'ils sentent les juments. C'est donc avec précaution qu'il faut user de ce moyen.

Quelquefois la jument semble exprimer des désirs violents de copulation, et cependant ne veut pas se laisser saillir ; gardez-vous de la forcer à recevoir le mâle. Ces chaleurs, violemment exprimées, demandent souvent les soins du vétérinaire : parfois une saignée, parfois la mise au régime du vert, et l'éloignement absolu du mâle, autant que possible, pendant que ce paroxysme existe.

La meilleure époque pour faire saillir les juments est, généralement, dans notre climat, la fin de l'hiver, à l'époque où la saison douce commence, à l'époque où on peut laisser la jument libre à la prairie ou dans un enclos. L'herbe des bons pâturages, nous l'avons dit, est excellente pour elle. L'année suivante, au bout des onze à douze mois, quand le poulain est né, il trouve, après un ou deux mois d'allaitement, une herbe encore tendre, il l'appète, elle ne blesse pas ses gencives, ses dents qui sortent ; et son sevrage devient facile. Si l'on est obligé de tenir la jument au travail et à l'écurie, le vert qu'on peut lui donner au râtelier est encore recherché par le poulain, et le même bon résultat est obtenu.

Quand l'acte de la saillie s'est fait dans de bonnes conditions, laissez reposer la jument dans son écurie, dans sa loge, dans l'enclos, dans l'endroit où vous savez qu'elle se plaît le mieux. Que son poulain soit avec elle, et que rien ne vienne la tourmenter.

Gardez-vous de toute manœuvre ; ne lui jetez point d'eau froide sur le dos, ne frottez point les reins avec un morceau de bois ; la conception est un acte naturel qu'aucune manœuvre extraordinaire ne pourra susciter si les organes n'y sont pas disposés. Ces manœuvres, si la jument a retenu, pourront, au contraire, troubler la conception et l'empêcher d'avoir un résultat.

b. *Après la saillie.*—Il est bon, pendant quatre ou cinq jours, de ne point faire travailler la jument, puis ensuite de ne lui faire faire que des travaux où elle ne soit pas forcée à faire des efforts considérables. Elle peut travailler néanmoins. Un travail modéré lui est même plutôt avantageux. Plus tard, enfin, elle peut être remise à tous les autres travaux de la ferme, pourvu, je le répète, que ces travaux ne soient pas trop pénibles, n'exigent pas des efforts subits, des coups de collier. Quand ces sortes de travaux deviennent nécessaires, l'éleveur soigneux, prudent ajoutera une jument à l'attelage, il en mettra deux au lieu d'une.

Quelquefois, avant que les signes de la plénitude se prononcent, on veut s'assurer si la jument a retenu. Dans ce cas, s'il s'est passé sept à huit mois depuis la saillie, on peut, parfois, en appliquant la main sur le flanc gauche de la jument et en refoulant le ventre par de petites saccades, sentir le poids de la matrice rebondir sur la main. C'est

là un moyen bien incertain, mais il est sans danger. Le moyen qui peut être efficace est de fouil-
ler la jument par le rectum; malheureusement,
ce moyen, malgré tout le soin, toute la précaution que le vétérinaire peut y mettre, est dange-
reux pour le fœtus; il peut faire avorter la jument :
nous ne le conseillons donc aucunement. Nous
conseillons, au contraire, de le rejeter, ainsi que
tous autres qu'on peut avoir indiqués; le mieux
est de rester dans l'incertitude et d'agir comme si
la jument était pleine. Ce n'est jamais un mal.
Bientôt une observation quotidienne attentive fait
voir une ampleur du ventre plus grande, fait voir
son abaissement du côté gauche. Enfin, quand la
jument est couchée, quand elle boit, des mouvements saccadés dans le flanc gauche dénotent des
mouvements du poulain.

La nourriture de la jument pleine n'exige rien
de particulier ; elle sera abondante, sans être sur-
abondante ; elle sera surtout de bonne qualité.
Je reviens à ce précepte et j'y reviendrai encore;
*meilleur est l'état de la jument, et meilleur sera
son poulain.*

c. *Juments pleines et nourrices.*—Celles-ci, plus

encore, méritent tous les ménagements, tous les soins que nous venons d'indiquer. Sous le rapport de la nourriture, il sera très-utile de donner quelques aliments de plus parmi ceux qui favorisent plus particulièrement l'abondance du lait : par jour une ration de bons fourrages verts, une ration de son, surtout une ration de carottes ou de panais, seront d'un excellent effet. J'en reviens à mes carottes, c'est que, si elles sont bonnes pour l'homme, elles sont bien meilleures pour nos poulinières et donnent un lait excellent. La qualité du lait donnera une santé florissante aux laiterons, et au moment du sevrage, s'ils sont vendus, cette santé contribuera à une vente facile et fructueuse. Dans le chapitre *bien loger*, j'ai dit ce qu'il me paraissait convenable pour les poulinières mises à la pâture. Je reviens sur ce sujet pour recommander, à nouveau, l'établissement d'abris contre les pluies et les vents froids.

d. *Sevrage.*—C'est ordinairement du troisième au quatrième mois d'allaitement que le sevrage a lieu. Quand la jument nourrice n'est pas pleine, quand elle est bien nourrie, le sevrage peut encore se retarder : la jument ne souffre point d'un allaitement prolongé, et le poulain qui mange et qui tette n'en vient que mieux. Mais quand la jument nourrice a été saillie, quand on doit présumer qu'elle est pleine, l'allaitement ne doit pas se prolonger après quatre mois de la naissance du poulain. La mère pourrait pâtir dans sa plénitude, et le fœtus se ressentir de la souffrance de la jument.

Si la mère est au pâturage avec son poulain, celui-ci a commencé bien avant ses quatre mois à manger de l'herbe, et quelquefois il se sèvre tout seul. S'il continuait cependant à vouloir teter, il faudrait le séparer de la mère. Un soin à prendre dans ce cas, c'est que la mère et le poulain ne souffrent pas de n'être plus ensemble : séparés dans l'herbage par une barrière, ils s'habituent en quelques jours à cette séparation ; à l'écurie, séparés dans des loges voisines, d'où ils peuvent se voir, il en est de même. Chez la jument pleine, le lait se supprime rapidement ; chez la jument qui n'est pas pleine à nouveau, dont le poulain a teté surtout très-longtemps, le sevrage amène parfois l'engorgement du pis, et l'éleveur doit alors traire de temps en temps la jument. En retardant de plus en plus l'époque de cette opération, le lait ne tarde pas à se supprimer ; quelquefois, cependant, il faut éloigner la mère de son poulain, la vue et les hennissements de celui-ci suffisant pour entretenir la sécrétion du lait.

e. *Travail.*— La jument nourrice et pleine ne doit pas travailler. La jument pleine peut travailler : le travail lui est même favorable, nous l'avons déjà dit à l'article qui traite de la saillie. En la fatiguant légèrement, il la rend moins disposée à des écarts violents quand quelque chose la surprend et peut l'effrayer. Cet exercice modéré prévient ainsi des avortements.

La jument qui travaille doit être bien plus soignée. Lorsqu'on la dételle, il est bon de la mettre, plus que toutes autres, sous un abri ; de ne pas la laisser exposée dans la pâture, dans l'enclos aux vents froids, à la pluie froide. L'homme fatigué se trouve bien au logis. La jument *pleine* fatiguée est de même : son écurie, outre les avantages que nous avons indiqués, lui est précieuse non-seulement en hiver, mais dans toutes les nuits pluvieuses, froides de la belle saison. A l'écurie, l'éleveur curieux lui prodigue des soins, il surveille la nourriture, et s'il a le temps de la bouchonner, de lui frotter les jambes, de lui faire ce qu'on appelle un pansement, le poulain qui viendra se ressentira de ces soins. C'est par de pareils soins que se font les familles les plus précieuses dans les races de trait comme dans les races de selle et de carrosse.

Osons encore dire au nourrisseur, *il faut panser toutes vos poulinières;* il faut leur faire une toilette régulière, sinon tous les jours, au moins le plus souvent possible; au moins une fois par semaine; les peigner, les étriller, les brosser; frotter les jambes, les paturons, les boulets; tenir ces parties toujours propres. Oh! alors vos juments auront une tout autre élégance, qu'elles communiqueront aux poulains, n'en doutez pas.

f. *Mise bas.* — Vous connaissez les signes qui précèdent cet acte : dans les derniers jours de la plénitude la grosseur de la vulve, la grosseur des mamelles, l'écartement des jambes de derrière, la lenteur de la marche indiquent suffisamment qu'il va se faire. Mais bien avant ces derniers signes, dès le dixième mois, dès le neuvième quelquefois, le travail paraît fatiguer la jument, et celle-ci ne doit plus travailler. Elle doit être laissée libre, soit à la pâture, soit dans un enclos, si la saison le permet, si les nuits sont tempérées ; mais, si le temps n'est pas favorable, il faut la rentrer à l'écurie, sans l'y attacher. Dans tous les cas, il faut la tenir à l'écart des autres juments. Dans les grands haras où les juments poulinent aux pâturages, celle qui va pouliner s'éloigne des autres ; elle s'en éloigne encore après la mise bas, et cela jusqu'à ce que son poulain ait pris une certaine force. Il en est cependant quelques-unes qui souffriraient si elles se trouvaient tout à coup séparées des autres. C'est pour ces diverses circonstances que la disposition des écuries en boxes, ainsi que nous l'avons indiquée, devient précieuse chez nos petits éleveurs du Perche : on place alors la jument qui va pouliner dans une boxe voisine de la boxe qui renferme les juments de travail.

Immédiatement après la mise bas, des éleveurs pensent qu'il est bon de donner quelques drogues à la jument. Ils ont tort : ce qu'il y a de mieux à faire, c'est de soigner davantage les aliments en donnant les meilleurs, en petite quantité d'abord ; c'est de donner, plusieurs fois par jour, quelques friandises, une poignée de son mouillé, tiède en

hiver, un peu salé; une poignée d'avoine, si ce
grain n'entre pas dans la ration du moment; une
poignée d'orge ou de blé bouillis, voire même
encore quelques livres de pain bis. Tout cela est
excellent et n'est pas très-cher. Et les carottes
surtout.

Quelquefois dans nos campagnes on entend
dire qu'il faut, après la mise bas, traire le premier
lait et le jeter, parce que ce premier lait est mauvais. C'est une erreur; ce premier lait est, en
effet, purgatif, mais, loin d'être mauvais, il est sa-
lutaire; la purgation qu'il opère débarrasse les
intestins du poulain des matières qui s'y sont ac-
cumulées pendant qu'il était dans le ventre de sa
mère. Il faut donc laisser le poulain le teter; il
faudrait même le faire prendre au poulain, dans
le cas où on serait obligé de traire la mère et de
faire boire artificiellement le premier lait.

Si la mise bas était difficile, il me semble inutile
de dire qu'il faudrait avoir recours de suite au
vétérinaire.

Après la mise bas, la jument s'inquiète, se méfie
de la présence de l'homme, même de l'homme
qu'elle connaît le mieux, et quelques-unes sont
disposées à mordre, à frapper : les friandises,

données comme nous venons de le dire, préviennent cette méfiance : on peut alors approcher son poulain, l'examiner en toute sûreté et même le séparer de la jument par une cloison pleine, fixe, sans l'ôter de sa vue ; bientôt on peut même sortir la mère de l'écurie pour la panser, pour la faire boire, pour lui donner les friandises dont nous venons de parler. Ces mesures préparent la jument à une séparation plus longue de son poulain quand on est obligé de la faire travailler ; elles préparent aussi le poulain à cette séparation. C'est, dès les premiers jours, le parti qu'il faut prendre. Il ne faut pas cependant trop brusquer la séparation ; il faut même que, dans les premiers jours, la jument ait son poulain sous les yeux ; il faut que celui-ci lui soit présenté souvent pour qu'il tette, et ce n'est que petit à petit qu'on doit prolonger les intervalles pendant lesquels il cesse de teter.

Dans les premiers jours de la mise bas, la jument ne doit donc pas travailler, et puis, quand elle est remise au travail, il faut que les attelées soient courtes pour que la mère puisse donner à teter plusieurs fois dans la journée.

Quand le travail est terminé, le soir, quelquefois on la lâche avec son poulain, soit dans les prés, soit dans un enclos. Si le temps est doux, si les soirées et les nuits sont chaudes, on peut les y laisser la nuit; quelques cultivateurs ont cette habitude et font ainsi une économie de fourrages; mais, si les soirées et les nuits sont froides, il faut rentrer les bêtes. Je le répète, une température douce délasse la jument, favorise la sécrétion du lait; le poulain lui-même s'en trouve bien. Mais, si les écuries sont mauvaises, le grand air est préférable parfois peut-être. Ayez donc de bonnes écuries divisées en loges.

g.*Gestation annuelle.*—La jument doit-elle être envoyée à l'étalon tous les ans, de manière à faire un poulain chaque année? c'est une question qui se fait assez souvent. Il me semble que le cultivateur, plus que tout autre, est en état de la résoudre.

L'expérience ayant prouvé que la jument qui vient de mettre bas, si on la fait saillir quelques jours après, peut, pourvu qu'elle soit bien soignée, bien nourrie, faire prospérer le fruit qu'elle portera, c'est à l'éleveur à calculer s'il peut entretenir sa poulinière dans l'état convenable. S'il peut la mettre aux prés, dans de bons prés, pendant la belle saison, puis aussi la bien nourrir à l'écurie, il peut alors faire couvrir la jument tous les ans, c'est une affaire de bons soins de sa part.

Nous venons de dire que la jument nourrice et pleine ne devait point travailler : il ne faut pas cependant la laisser *pourrir* à l'écurie comme l'on dit. Ce séjour continuel à l'écurie serait la source de maux pour la mère, pour son fruit à venir, pour le laiteron. Il faut la mettre en liberté dans les prés, dans les enclos, même quand elle n'y peut trouver aucune nourriture. Si cette mise en liberté dans un enclos n'est pas possible, il faut la faire promener, il faut l'attacher derrière la charrette qui fait les charrois et lui faire prendre ainsi de l'exercice. Cet exercice est encore plus nécessaire, peut-être, pour le laiteron.

Quand la poulinière est nourrice et pleine, on ne doit point lui laisser allaiter son poulain plus de quatre mois : nous l'avons déjà dit : le fœtus, dans le ventre de la mère, est, dans le cinquième mois, déjà développé; il a besoin, à son tour, d'une large quantité de nourriture, et il faut que son aîné lui cède une partie de celle que la mère peut

donner; autrement la mère pourrait être fatiguée
et le fœtus se ressentir de cette fatigue.

h. *Élevage à l'écurie.* — Tel cultivateur n'a
que des terres en culture; telle autre personne qui habite la campagne et qui a une
jument est obligée souvent de la mettre dans
une auberge; et un jour cette personne est tout
étonnée de voir sa jument pleine, et, même
sans s'être aperçue de ce fait, de trouver un
matin un poulain à côté de sa jument, à l'é-
curie; car c'est dans la nuit, le matin le plus
ordinairement, que la jument met bas. Ce cultivateur, cette personne doivent-ils s'abstenir d'élever un poulain? Je ne le crois pas. J'ai vu des
maraîchers, sans autre possession qu'un jardin
potager, avoir un poulain trottant autour de leur
mère attelée à la charrette. J'ai vu des nourrisseurs, dans Paris même, avoir un poulain né accidentellement chez eux et qu'ils élevaient dans
l'écurie et dans la cour de leur établissement. J'ai
pris soin, à l'école vétérinaire d'Alfort, de mères
et de poulains qui n'avaient pour exercice que des
promenades journalières, et j'ai vu tous ces poulains bien venir. Ils demandaient, sans doute,

plus de soins et des frais un peu plus grands que
les poulains élevés aux pâturages, dans les fermes
du Perche. Il m'a souvent pris envie d'essayer cet
élevage dans mon écurie, dans ma cour à la campagne. Sans le séjour forcé à Paris une grande
partie de l'année, certainement l'aurais-je fait.

Mais j'entends l'éleveur percheron me dire :
est-ce que cela me regarde? non, sans doute !
c'est une exception, mais c'est une exception qui
prouve qu'il est facile, avec des soins, d'élever
des poulains, de bons poulains, dans la cour de
la ferme, et c'est une exception qui pourrait devenir plus fréquente chez nos cultivateurs du
Perche, qui n'ont que des terres en culture et qui
presque tous ont des enclos.

## § VI. — POULAINS LAITERONS.

D'après tout ce que nous avons dit des soins à
donner à la mère, il y a peu de chose à ajouter
au sujet du laiteron. Il souffre avec elle de la
mauvaise habitation, du manque de soins; il
profite de l'avantage d'une bonne écurie, puis
aussi des soins qu'on peut lui donner. Quels sont
donc ces soins ?

Au moment où il vient de naître, il faut le laisser reposer sur une bonne litière à côté de sa mère : son corps est couvert d'une espèce de crasse que la mère lèche; on peut aider la mère dans cet acte en jetant sur le poulain un peu de sel finement pulvérisé; on doit même essuyer le poulain si la mère ne le léchait pas suffisamment.

Peu après la naissance, il cherche à se mettre sur ses jambes; on peut l'aider dans ses tentatives. Aussitôt qu'il est un peu solide sur ses jambes, il veut teter; il cherche les mamelles, on peut l'aider dans cette recherche. C'est encore le moment de voir si l'anus est ouvert; si l'animal urine bien; et, si ces fonctions ne se faisaient pas bien, d'aller chercher le vétérinaire.

Quelques jours après sa naissance, le poulain est solide sur ses jambes. Quand la mère ne tra-vaille pas, il reste à côté d'elle, soit à la maison, soit dans les enclos, soit aux champs, si c'est dans la belle saison. C'est là qu'il est à merveille; il gambade, il court, il se repose; il acquiert de la souplesse dans ses mouvements.

Mais, si la mère doit travailler, il n'en est plus ainsi, il devient parfois un embarras. Si le travail permet au poulain de suivre sa mère, il faut les

7.

laisser ensemble. Tous les soins consistent à empêcher le poulain de se blesser à la charrette, à la
charrue, à la herse; à l'empêcher de chercher à
teter quand la mère est en marche : ces soins sont
assez faciles, et en peu de temps le poulain s'habitue à n'approcher de sa mère que quand elle
s'arrête.

Mais souvent il faut séparer le poulain de sa
mère. A l'article de la mise bas, nous avons dit
comment il fallait s'y prendre à l'égard de la
mère; comment, au moyen de quelques friandises, on pouvait opérer cette séparation. Le laiteron la supporte également bien, si on l'opère
dès les premiers jours de sa naissance. Mais, quand
le poulain a été habitué à rester au pâturage avec
sa mère, la séparation demande quelques précautions ; le poulain s'inquiète, il appelle sa mère,
il essaye de franchir les obstacles qui le retiennent,
les portes, les barrières, les haies, les fossés, les
ruisseaux : il peut se blesser à tous ces obstacles.
C'est ce qu'il faut chercher à prévenir. S'il y a
d'autres poulains dans la ferme, il faut, avant de
le séparer, l'habituer avec ceux-ci en le plaçant
d'abord, ainsi que sa mère, avec eux. Si on n'a
pas cette ressource, il faut, la nuit, à l'écurie, le

séparer de sa mère par une cloison qui n'empêche
pas les bêtes de se voir. Il faut, dans le jour,
quand la mère est au travail, que quelqu'un ne
le quitte pas, il faut que les enfants, la vachère,
la fille de basse-cour le surveillent, le caressent,
lui donnent quelques bouchées de pain ; il ne faut
pas qu'il soit seul. S'il a été habitué à aller aux
champs avec les vaches, il faut l'y conduire avec
elles ; il cherche moins sa mère ; il butine bientôt
l'herbe et attend patiemment le moment où il
retrouvera sa mère et où il pourra teter.

Dans le cours de l'allaitement, il est un autre
soin qu'il ne faut négliger, c'est celui d'examiner
de temps en temps les pieds, de voir si la corne
pousse régulièrement, si elle ne s'allonge pas trop
en pince, si un côté n'est pas plus haut que l'autre.
Une croissance irrégulière de la corne pourrait
fausser les aplombs, rendre les jambes malfaites,
cela arrive parfois. Il faut donc prévenir l'accident ; il faut, pour cela, habituer le jeune animal
à se laisser toucher sur toutes les parties du corps,
et cela dès les premiers jours, afin de l'empêcher
d'être sauvage comme le sont assez souvent ceux
qui sont et qui restent au pâturage ; il faut donc
le visiter souvent, aborder la mère avec une poi-

gnée d'avoine, avec du pain ; la mère vient manger dans la main, le poulain l'imite, et le pain l'attire assez pour qu'il se laisse bientôt toucher sur toutes les parties du corps, pour qu'il se laisse lever les pieds, et même, au besoin, parer la corne. C'est une préparation à l'habitude de se laisser ferrer.

# CHAPITRE IV.

## Étalons.

———

D'après ce que j'ai dit du choix des poulinières,
on a vu que j'attachais au choix de l'étalon une
importance moins grande. En effet, je le répète,
et on ne saurait trop le répéter, c'est qu'avec des
étalons, quelque beaux qu'ils soient, et de pauvres
juments vous n'aurez que de pauvres poulains,
tandis qu'avec un étalon médiocre et de belles et
bonnes juments vous aurez de beaux et bons poulains. Ce n'est pas une raison cependant pour
passer légèrement sur ce choix et pour prendre
le premier cheval venu pour père du petit haras.
Si la jument tenue constamment en santé floris-

sante peut *seule* donner à ses poulains une bonne et solide constitution, et leur transmettre, au moyen de cette bonne constitution, toutes ses qualités, toutes ses belles formes, l'étalon a une part marquée d'influence dans la transmission des formes et des qualités, et l'on voit des étalons faire hériter leurs descendances de leurs formes, de leurs qualités comme de leurs défauts, quelles que soient les juments qu'ils ont couvertes. Le choix de l'étalon doit donc être raisonné comme celui des juments.

Je sais bien tous les avantages d'économie que les étalons coureurs procurent. Leur arrivée annuelle chez l'éleveur, à une époque à peu près fixe, sans que celui-ci ait à se déplacer, lui épargne une perte de temps souvent précieux, et lui sauve une foule de faux frais; elle lui sauve le désappointement de voir sa jument, momentanément mise en dehors de ses habitudes, devenir moins disposée à l'accouplement, plus exposée à un accouplement infructueux. Mais que d'inconvénients viennent en désenchantement! Il n'y a pas à choisir l'étalon; il faut prendre celui qui est présenté, qu'il ait ou non les qualités qu'on voudrait lui voir. C'est à prendre ou à laisser, comme on dit.

Tant pis si le poulain qui en proviendra n'est pas celui que le cultivateur désirait. C'est pour remédier à ces graves inconvénients des étalons coureurs que l'institution des *étalons approuvés* a été organisée. Heureuses les localités qui ont pu conserver cette institution !

En effet, l'origine, la race de l'étalon est la première chose qu'on doive rechercher en lui ; et l'*Institution des étalons approuvés* est un moyen d'avoir la preuve de la race.

Cela est d'autant plus nécessaire que les étalons doivent être de la même race que les poulinières. Toutes les raisons que nous avons données pour engager à avoir des poulinières exemptes de tout mélange avec des races étrangères s'appliquent au choix de l'étalon. Il doit être *de race pure percheronne,* s'il est permis de se servir de cette expression. Méfiez-vous donc de tout étalon qu'on dit amélioré par un sang étranger, quelque beau qu'il paraisse; il peut amener une production toute différente de celle que vous désirez, de celle que les acheteurs viennent chercher dans votre haras.

*Appareillement.* — La seconde qualité à rechercher dans l'étalon, après celle de race identique, c'est la parité des formes; cette qualité n'est pas moins importante. C'est cette circonstance de la parité des formes de l'étalon et de la jument qui donne des produits qui presque tous se ressemblent, et c'est la constance dans cette homogénéité des produits qui constitue ce qu'on appelle une écurie, un haras, une race, et qui devient la cause de sa renommée.

Une exception cependant à cette règle. Si vous aviez à choisir entre deux étalons, dont l'un de race pure percheronne, moins semblable de formes qu'un autre étalon d'origine douteuse, d'origine moins pure, n'hésitez pas; prenez le premier; avec l'autre, vous n'êtes pas aussi certains d'avoir les formes de votre race.

Dans cette parité de formes, recherchez la même taille; ne craignez pas cependant que la jument soit un peu plus grande, un peu plus étoffée. Dans une matrice grande, le germe se développe à l'aise; dans une petite matrice, il risque de se mal développer. Quelques éleveurs ont même cru reconnaître que, dans l'espèce chevaline, c'était une loi que la femelle fût plus étoffée que le mâle. On sait que c'est une loi dans quelques espèces d'animaux. N'oublions pas encore que le corps de la jument est plus allongé que celui du cheval, et méfions-nous des étalons qui sont longs de corps ; leurs poulains sont parfois ensellés.

Encore un mot. On a dit, et on trouve des personnes qui croient que, lorsque la jeune jument est saillie pour la première fois, son poulain non-seulement ressemble beaucoup plus au père qu'à la mère, mais encore que cette influence de l'étalon qui saillit la pouliche vierge se fait sentir sur les autres produits successifs de la jument, quels que soient les nouveaux étalons qui la saillissent. Si ce dire était fondé sur des faits, ce serait un nouveau motif d'apporter une sévérité d'autant plus raisonnée dans le choix de l'étalon, quand il s'agirait d'une pouliche saillie pour la première fois.

Une autre qualité dans l'étalon, c'est qu'il soit exempt de ce qu'on appelle des *tares* et de ces affections qu'une apparence de bonne santé cache quelquefois quand on ne voit les animaux que peu de temps. Ces tares et ces affections sont celles que nous avons indiquées dans le chapitre du choix des poulinières. Les mêmes considérations doivent faire soigneusement rejeter les étalons qui seraient atteints de ces tares et maladies.

Dans le doute, abstiens-toi, dit le proverbe ; il vaut mieux prendre un étalon un peu moins beau.

Une recommandation encore à l'éleveur, c'est de se garder de prendre des étalons trop jeunes. Sans aucun doute, ceux-ci donnent des produits qui se développent plus rapidement, qui peuvent même acquérir une stature plus grande et des formes plus arrondies, plus agréables à l'œil; mais n'oublions pas qu'ils ont l'inconvénient de donner souvent des animaux d'un tempérament lymphatique, des animaux dont les muscles, dont les os sont d'un tissu moins compacte et plus exposés à contracter même de bonne heure ces tares dont nous venons de parler, des animaux plus sujets à avoir des articulations empâtées, dont on ne distingue pas bien les éminences et les contours; tous défauts qui déprécient singulièrement le poulain. C'est seulement pour les races d'animaux de boucherie que les jeunes mâles doivent être recherchés.

Mais que faire pour avoir ces étalons désirés? Voyons. Est-ce que les possesseurs de poulinières d'un canton ne pourraient pas s'entendre avec un cultivateur qui aurait de beaux chevaux entiers

de la race de leurs poulinières et les lui emprunter
pour la monte? Le prix de la saillie ferait une ré-
tribution convenable. Cet étalonnier n'aurait
d'autre obligation que de choisir ses producteurs
parmi les poulains de la race des poulinières de
ses clients. Ainsi une famille locale se constitue-
rait et bientôt aurait une certaine réputation.
Cette idée n'est certainement pas de moi; ce n'est
qu'un souvenir de ce que j'ai su avoir déjà eu lieu,
soit sous la direction de l'administration départe-
mentale et avec son concours, soit même seulement sous une entente des cultivateurs entre eux.
Ces étalons seraient *ainsi de fait des étalons approuvés*. Aide-toi, Dieu t'aidera; cultivateurs du
Perche, entendez-vous donc pour avoir ces étalons!

# CHAPITRE V.

**Poulains chez l'éleveur qui ne fait pas naître.**

A ces cultivateurs qui achètent les poulains sevrés pour les revendre ensuite à l'âge où ces poulains doivent commencer à travailler, aurais-je encore quelques avis à formuler? Je le crois.

C'est vous, acheteurs et éleveurs de poulains sevrés, qui jouez presque le plus grand rôle dans la conservation, dans l'amélioration même de la race percheronne; c'est vous, en effet, qui achetez, qui payez, et vous savez qu'on fait à la volonté de celui qui paye. Si donc vous choisissez les plus gros poulains, sans vous embarrasser de leur élégance, le cultivateur producteur fera des poulains suivant votre désir; il cherchera à faire des poulains qui ressembleront aux poulains boulonnais. Pour cela, il recherchera les étalons de ce pays ou ceux qui leur ressembleront le plus, puis il aura les poulinières les plus étoffées, les plus massives; si, au contraire, vous recherchez les poulains plus légers, pourvus d'élégance, le producteur s'attachera aux poulinières de ce type; il recherchera les étalons qui le représenteront le plus, il se cramponnera à ces formes de chevaux de trait légers qui ont fait, qui font actuellement la réputation du cheval percheron, et qu'on trouve dans les chevaux des si magnifiques attelages de quelques omnibus de Paris et des chemins de fer, du chemin de l'Ouest en particulier; attelages qui, certainement, feraient l'orgueil des équipages de luxe si la mode n'était pas d'un autre côté. Soyez bien sûrs que, en tous cas, le prix de vos beaux poulains d'omnibus, lorsque l'âge de les vendre sera venu, ne baissera pas; soyez bien sûrs qu'il égalera au moins celui des chevaux les plus massifs. Croyez-moi, le Perche doit produire des chevaux de trait légers, élégants; n'en recherchez donc pas d'autres dans ces poulains que vous devez élever.

8.

Une très-bonne habitude de quelques-uns de
vous contribuera à élargir cette voie. C'est l'habitude d'aller acheter les poulains chez les producteurs, dans la ferme. En rapport direct avec
le producteur, si celui-ci s'aperçoit que vous recherchez dans les poulains non-seulement leur
apparence du moment, mais encore l'origine des
mères, l'origine des étalons, et que vous donnez
généralement la préférence aux poulains dont les
père et mère sont connus pour avoir déjà donné
une bonne lignée, ce producteur de poulains s'attachera à se faire, par l'hérédité, un haras dont
les élèves auront les qualités préférées. De plus,
ce producteur n'aura pas l'embarras de conduire
ses élèves aux foires, et quand l'espérance, souvent trompeuse, de vendre plus cher en foire ne
le dominera pas, il préférera vendre ainsi chez
lui à un acheteur connu.

Éleveurs de poulains, conservez donc, croyez-
moi, cet usage d'aller acheter chez le producteur;
vous dirigez ainsi l'élevage dans le sens que vous
désirez; et, comme je le disais en commençant
cet article, à vous appartient le pouvoir de conserver la race percheronne et d'en augmenter les
beaux produits.

a. *Soins*. — Mais, pour arriver à cette fin, vous avez encore quelque chose à faire. Semblables, en quelques points, aux possesseurs de poulinières, vous ne vous préoccupez pas assez des fâcheuses influences du séjour dans les prés par les temps pluvieux, humides et froids; du séjour dans les prés bas et marécageux ; du séjour dans des écuries sans air, sans lumière, sur des litières chargées d'urines, devenues âcres, irritantes, et qui sont, autant au moins que les prairies marécageuses, la cause de ces boulets, de ces canons empâtés, chargés de poils ou crins grossiers qui déconsidèrent notre race percheronne. Figurez-vous un couple de beaux chevaux percherons, avec leurs jambes larges et tendineuses, sans autres poils aux jambes qu'une petite touffe derrière le boulet; figurez-vous, dis-je, ce couple (la crinière et la queue étant faites) attelé sous le harnais d'une voiture de maître, et dites-moi s'il ne rivaliserait pas de beauté réelle et de qualités précieuses surtout, avec grand: nombre d'attelages élégants qui cachent tant de chevaux médiocres auxquels la mode seule donne un prix plus élevé.

b. *Nourriture.* — Passons à un autre sujet. La nourriture verte que les poulains trouvent en été dans les prairies, dans les prés naturels est certainement une bonne nourriture quand ces prairies et prés sont de bonne nature, et quand les poulains, qui ont cessé de teter, peuvent y être placés. Mais, quand vient la mauvaise saison, la nourriture en fourrages secs à laquelle ils sont alors réduits presque exclusivement n'est plus aussi bonne, surtout si elle est bornée à un fourrage unique, soit trèfle, soit luzerne, soit sainfoin, soit même foin des prés naturels, quelque préférable que soit ce dernier. J'ai déjà dit cela. Ces aliments secs sont d'une digestion plus difficile pour l'estomac qui n'y est pas encore habitué, et quelques animaux en souffrent.

Ce n'est pas ici le lieu de dire comment on pourrait améliorer les prairies qui donnent de médiocres foins; ce serait un long article à ajouter, un article un peu en dehors du sujet, et que les cultivateurs praticiens rédigeraient mieux que moi. Mais nous devons dire, cependant, qu'on peut rendre meilleur le fourrage sec des prairies artificielles, en mélangeant entre elles leurs graines au moment des semailles; en y mêlant

celles de trèfle blanc, de minette, et encore
des graines d'herbes telles que celles de raigrass,
de thimothy-grass, etc. On fait prédominer la
graine qu'on veut. Ces mélanges, suivant leur
combinaison, donnent, pendant deux ou trois
ans, de bonnes récoltes, et préparent très-bien la
terre à la production des céréales. Cependant, si
vous préférez, ou autrement, s'il vous paraît plus
avantageux de n'ensemencer le champ que d'une
seule plante, ayez en même temps plusieurs
espèces de prairies artificielles, afin de pouvoir
varier souvent la nourriture de vos poulains. De
petites rations d'avoine, mêlées d'un peu de son,
complètent admirablement ce régime hivernal.
Mais je m'aperçois, malgré ce que je viens de
dire plus haut, malgré mon inexpérience pratique
agricole, que je me lance encore dans la culture.
Un mot cependant encore dans cette voie cultu-
rale, dans l'intérêt de la bonne santé des poulains.

C'est dans la période hivernale de la nourriture
sèche que la carotte devient un aliment précieux.
Vous voyez presque tout à coup, sous l'effet de
cette nourriture, les poulains qui souffrent changer d'aspect. Le poil, qui était terne, redevient

lüisant; les crottins, qui étaient secs, durs, en-
duits d'une couche noirâtre, qui étaient rendus
difficilement, redeviennent plus mous, sont d'une
sortie facile. Le jeune animal n'est bientôt plus
reconnaissable. Cultivez donc la carotte, elle ne
craint que les terrains sans profondeur, trop humides et trop compactes, et elle prépare admirablement la terre pour la culture du blé. Une
autre plante peut, jusqu'à un certain point, sup-
pléer la carotte, c'est la betterave, quand, coupée
en tranches, elle est mêlée avec du son et donnée
en petite quantité. Donnée seule, elle est trop
aqueuse. Elle ne doit être distribuée que de temps
en temps. Cultivez-la cependant beaucoup pour
vos vaches. Vous n'ignorez pas, et le bon lait
qu'elle donne, et combien elle en augmente la
quantité. Cultivez donc la carotte et la betterave.
J'ai déjà dit tout cela, c'est du rabâchage, si vous
voulez, mais profitez du conseil.

Nous avons dit que le sel était une bonne chose
pour les poulinières quand elles étaient réduites
à la nourriture sèche, il en est de même pour les
poulains. Arrosez, de temps en temps, d'eau salée
les fourrages secs; ce n'est pas une grande dépense. Faites mieux encore, placez une pierre de

sel dans l'auge; les poulains, en la léchant, prennent eux-mêmes le sel quand ils sentent qu'il leur est avantageux. Il n'y a qu'à renouveler la pierre au besoin.

Pour mieux faire comprendre que la production des chevaux dans le Perche se divisait en deux industries, j'ai partagé, comme on vient de le voir, les éleveurs en deux séries : la série de ceux qui faisaient naître et qui vendaient leurs poulains sevrés, et la série des éleveurs qui achetaient ces poulains sevrés pour les garder un certain temps et les revendre à l'âge où ces poulains pouvaient commencer à travailler; mais les éleveurs de cette dernière catégorie se divisent eux-mêmes; beaucoup n'achètent des laiterons que pour les garder une année et les revendre, et d'autres achètent ces poulains de dix-huit mois à deux ans pour les revendre à deux ans et demi ou trois ans, en sorte que le laiteron passe assez souvent en deux mains avant d'arriver à cet âge de trois ans. On conçoit que l'élevage des poulains étant, comme l'élevage de tout autre bétail, un moyen de faire consommer fructueusement les fourrages de toute espèce, on conçoit, dis-je, que le cultivateur, suivant sa position annuelle financière ou sa position en d'abondantes récoltes, ait intérêt à garder plus ou moins longtemps ses poulains. De là ces passages assez fréquents des poulains en plusieurs mains.

c. *Castration.* — A une époque j'ai vu rechercher à Paris les juments percheronnes pour les voitures à un cheval dites *demi-fortune.* On voit encore de ces juments attelées à ces sortes de voitures, tandis qu'on n'y voit point de chevaux entiers. Vos percherons font peur, tout tranquilles, tout doux qu'ils soient. D'un autre côté, tous vos poulains ne peuvent faire des étalons. Qu'arriverait-il donc s'ils étaient châtrés de bonne heure? Ils perdraient de la grosseur dans leur encolure; la crinière serait plus belle; la croupe, sans s'amoindrir, deviendrait plus élégante (je ne sais comment dire); le tronçon de la queue perdrait de sa grosseur; les crins de cette partie seraient moins bourrus, plus fins. Les animaux adultes auraient pris un cachet de gentillesse, de légèreté qui plaît à l'œil; on les rechercherait à l'instar des juments, peut-être les préférerait-on! Déjà la mode est un peu lasse des mélanges de sang anglais; déjà on voit quelques chevaux percherôns à des voitures d'industriels. Qui peut savoir si la mode n'en viendrait pas pour les équipages à deux chevaux? Quel débouché nouveau alors pour notre Perche!

Dans tous les cas, un beau cheval percheron châtré conserverait sa valeur pécuniaire. Déjà les omnibus en achètent un certain nombre.

J'ai dit, s'ils étaient châtrés de bonne heure; je le répète, châtrés de bonne heure; et c'est ce qu'il faut faire. D'abord la castration est presque sans accident; puis les formes se modifient bien davantage; et qu'on ne croie pas que l'animal perde de sa santé, de son aptitude au travail. Sans aucun doute, il sera moins rude pour donner un coup de collier de quelques minutes, mais il sera tout aussi bon pour tous les services de longue haleine. Les guerres d'Espagne, sous le premier empire et sous la restauration, ont fait voir que les chevaux entiers pris à la cavalerie espagnole n'étaient pas meilleurs que nos chevaux hongres.

d. *Dressage au travail.* — Le nourrisseur qui n'élève que des poulains n'a généralement pas de poulinières. Pour faire les travaux de l'exploitation, il lui faut des chevaux. Il les prend ordinairement parmi les poulains qu'il a élevés ; il faut donc qu'il habitue ceux-ci au travail ; il y habitue même assez souvent aussi ceux qu'il doit revendre ; il sait que la preuve que l'animal a commencé à travailler est une bonne recommandation pour l'acheteur. Il faut donc que l'éleveur commence à atteler les poulains.

Les jeunes animaux, quand ils n'ont reçu de l'homme que de bons traitements, se prêtent ordinairement sans résistance au travail ; on serait tenté de croire qu'ils savent que c'est là leur destinée. Attelés d'abord avec des poulains déjà habitués, ils font comme ceux-ci ; ils paraissent plutôt étonnés qu'inquiets : on dirait qu'ils cherchent plutôt à savoir ce qu'ils doivent faire qu'à se défendre. Il ne faut donc employer que la douceur, que les caresses, que la patience. *Les poulains aiment qu'on les chérisse,* comme on dit dans mon petit coin du Perche : donc point de brutalités, point de charretiers emportés, braillards, point d'enfants taquins ; et vous voyez alors les poulains rechercher l'homme, le suivre, venir à la porte de la maison recevoir une pomme, une carotte, une bouchée de pain. Vous les voyez se laisser mettre un marmot sur le dos, bientôt se laisser mettre sans crainte le harnais et se laisser atteler. Nous avons dit, je crois, qu'il fallait de bonne heure mettre un licol aux laiterons et, de temps en temps, les attacher au râtelier auprès de la mère.

Il arrive que le mors de la bride blesse les gencives, blesse les dents toutes fraîches sorties. Cette douleur est souvent cause de la résistance que mettent les animaux à se laisser brider ; il faut prévenir cette résistance en prévenant cette douleur par un simple billot en bois ; au bout de quelque temps, on essaye de remplacer ce billot par un bridon à mors brisé ; quelquefois même le billot de bois suffit pour conduire l'animal. D'après mes maîtres, j'ai changé quelques jeunes chevaux, rebelles à la bride, en chevaux dociles, au moyen du simple billot de bois.

J'ai déjà dit ce que valaient les soins de bouchonner, d'étriller, de panser les animaux : c'est dans le jeune âge qu'il faut commencer ces soins. Quelle différence de valeur, en effet, dans les foires, entre le poulain qui y arrive avec les signes de ces soins, et celui qui y arrive avec sa robe bourrue et son aspect grossier !

Mais je me suis déjà bien répété, il est temps d'arriver au chapitre final.

# CHAPITRE VI.

## Poulains de travail.

------

Nous venons de dire qu'à deux ans et demi, lorsque les premières dents de lait tombent, le poulain du Perche pouvait être employé à un travail léger, et que son possesseur s'ingéniait alors à le vendre pour recommencer un nouvel élevage en rachetant de jeunes élèves.

Il nous reste à voir ce que le poulain devient, alors qu'il n'est pas encore propre aux rudes travaux qui l'attendent dans les grandes villes.

Nous avons déjà dit que quelques-uns restaient chez le cultivateur qui n'avait pas de poulinières, et qui avait besoin de chevaux pour ses cultures.

D'autres poulains restent aussi dans le Perche, dans les exploitations rurales qui, ayant peu de prés, peu de prairies, mais principalement des terres arables, rentrent dans la catégorie des fermes à céréales plus que dans la catégorie des fermes d'élevage. Les autres poulains, en plus grand nombre, sont emmenés par le commerce dans des contrées à céréales.

Les poulains qui restent dans le Perche sont soumis alors à un régime tout nouveau, à celui du cheval qui travaille; mais, comme ses forces ne sont pas encore développées, il demande à être ménagé. Les travaux doivent être légers; il faut se garder de l'employer à ceux qui exigent des coups de collier : ses articulations sont encore tendres; les os n'ont pas la dureté qu'ils auront plus tard, à cinq ans faits. Des efforts violents, même seulement un travail pénible longtemps continué, fatiguent les articulations, et c'est à la suite de ces travaux trop pénibles que se développent aux membres ces tares dont nous avons parlé et qui déprécient si gravement l'animal au moment de la vente; il faut que le travail ne soit presque qu'un exercice dans la première année de travail. Combien donc le charretier doit être doux, patient ! Le fouet doit être presque inutile. Cette patience, cette douceur sont d'autant plus nécessaires, que l'avoine, qui devient une partie essentielle de la nourriture, qui devient un aliment journalier, donne aux jeunes animaux une vigueur, une vivacité qui dispose à ces efforts violents instantanés, si à craindre. Bavardage que ces préceptes, direz-vous peut-être ; nous savons mieux que vous cela ; tant mieux donc, si c'est pour vous du bavardage.

Encore un peu de bavardage cependant. Tous les soins hygiéniques que nous avons recommandé de donner aux mères et aux jeunes poulains, nous recommandons de les continuer aux poulains de travail. C'est l'époque de leur vie où le cultivateur qui le possède le rend tout à fait cheval de travail ; c'est l'époque où il va atteindre sa plus grande valeur commerciale : bonnes écuries, bonne nourriture, pansage, bons traitements lui donneront cette valeur, et, comme son travail et son fumier payent sa nourriture, toute la plus-value qu'il acquiert est un bénéfice net.

Quant aux poulains que le commerce fait sortir du Perche vers l'âge de 3 ans, ils vont dans les contrées à fermes à céréales, dans la Beauce Char-

traine et Orléanaise et dans les départements li-
mitrophes jusque dans la Brie ; ils cessent alors
de nous appartenir, et nous ne devrons plus nous
en occuper. Un mot cependant encore : dans cette
nouvelle condition, dans ces fermes à céréales et
à moutons, plus de pâturages, plus de prés ; l'é-
curie devient l'habitation continue ; la nourriture
sèche est la nourriture ordinaire : l'avoine en
forme la base principale. La nourriture verte des
prairies artificielles n'est donnée qu'accidentellement, pour parer aux effets maladifs que la nourriture sèche trop longtemps continuée engendre
parfois. Mais aussi, c'est sous le régime de l'avoine,
et pendant ces deux ou trois ans d'adolescence,
que notre poulain percheron de trait léger acquiert cette constitution robuste, ces muscles
d'acier et, en même temps, ces formes élégantes
qui le distinguent, qui font qu'on le paye si cher,
et qui a fait dire, avec raison, à M. Boutet de
Chartres que c'était parmi ces poulains du Perche,
devenus chevaux faits, parmi les plus élégants que
le possesseur de poulinières percheronnes devait,
de préférence, rechercher ses étalons. M. Boutet
avait connaissance probablement de ce mot des
jockeys anglais, mot que j'ai déjà cité, *c'est l'a-*

*voine qui fait le cheval de sang* : et nous savons que le cheval de sang, le cheval de course est celui qui dynamiquement développe la force la plus grande.

. Dans ces fermes à céréales, le poulain adolescent est donc entièrement soumis au régime du cheval qui travaille : ce régime est le sujet de tous les écrits qui traitent de l'hygiène du cheval ; le cultivateur possède quelqu'un de ces écrits, ou au moins, par tradition, connaît tous les soins que l'économie de la ferme permet de donner à ces poulains de revente et de profit.

Là nous bornerons cet écrit. Nous demanderons grâce pour les redites. Très-heureux serons-nous si des lecteurs y apprennent quelque chose ; très-heureux si seulement l'écrit ramène l'attention sur des choses connues, auxquelles les possesseurs de poulinières et les éleveurs de poulains, dans le Perche, n'attachent pas assez d'importance.

JUMENT PERCHERONNE

## Le pourquoi de la planche.

Cette planche est copiée d'après l'*Atlas statistique de la production des chevaux en France*, par MM. Gayot et Lalaisse. La figure représente le vrai type percheron, mais c'est le type un peu commun, et il y a, sans contredit, dans le Perche nombre de juments plus sveltes, plus distinguées. Pourquoi donc cette planche? Voici ce pourquoi:

Si on fait attention à l'ensemble des formes, à la belle et solide charpente que ces formes dénotent (abstraction faite de toutes les fautes de détail qui se trouvent dans les articulations des membres, des jarrets surtout, fautes que nos plus habiles dessinateurs de chevaux ont toujours commises), on y trouve tout ce qu'il faut pour une excellente jument, pour une souche d'une excellente descendance. En analysant le dessin, on peut voir, en outre, que si les gros poils, qui défigurent les extrémités, n'existaient pas, que si les contours de la tête étaient un peu plus nettement dessinés, on aurait alors une belle jument, propre non-seulement au trait léger, mais encore bien propre à la cavalerie, bien propre même à figurer à un bel équipage si la mode y était. Et qu'on ne dise pas que le cheval percheron n'aura et n'a jamais eu des destinées aussi hautes. Il en a eu peut-être de plus hautes encore! L'ouvrage de Pluvinel, intitulé : *l'Instruction du Roi en l'exercice de monter à cheval* (1), nous représente, dans beaucoup de figures, le type du cheval percheron (je n'ose pas dire le vrai cheval percheron) servant de monture au roi Louis XIII, et je ne crains pas d'ajouter que, si la mode était aux chevaux percherons, on en verrait bientôt dans les attelages de l'Empereur.

Eh bien! éleveurs et nourrisseurs de chevaux dans le Perche, si vous voulez rendre vos écuries plus saines et donner à vos poulinières et à vos poulains les soins peu dispendieux indiqués dans les pages qui précèdent, vous arriverez à ce beau type du cheval percheron que déjà quelques connaisseurs vous ont pris pour envoyer dans diverses parties de l'Europe et jusque dans l'Amé-

(1) Petit in-folio. Paris, 1624 et 1629.

rique du Nord. Quant à cette tête, un peu forte peut-être, que représente la planche, un choix plus sévère des poulinières, surtout le soin de conserver précieusement vos belles pouliches, et enfin la préférence à donner à des étalons à tête fine, auront bientôt fait disparaître ce défaut dans les petits haras où il existe. Un étalon percheron, amené à Billancourt, en 1867, à l'exposition internationale, a été figuré, dans un rapport en langue allemande, comme une des curiosités les plus remarquables que la France offrait à ses visiteurs (1). Cet étalon a une tête carrée, sèche et fine, et, en voyant son portrait, on est tenté d'amnistier M. Boutet, vétérinaire à Chartres, de son idée que la race percheronne a du sang arabe.

Au moment de terminer, je reçois le numéro d'août de cette année du *Farmer's Magazine* (journal anglais d'agriculture), et j'y trouve la figure d'un autre étalon percheron placé auprès de Boroughbridge dans le comté d'York, pour y améliorer les chevaux de trait légers. C'est encore un admirable cheval. Dans l'alinéa qui le concerne, l'auteur rappelle qu'à la grande exposition internationale de Battersea, en Angleterre, c'est un étalon percheron qui a obtenu le premier prix dans cette classe de chevaux.

Courage donc, éleveurs et nourrisseurs de poulains percherons !

(1) *Bericht über den Landwirthschaftlichen theil der welt ausstellung zu Paris, im Jahre* 1867. Von Friedrich V. Moreau. — Munchen, 1867. In-4°, fig.

Paris — Imp. de M^me V^e Bouchard-Huzard, rue de l'Éperon, 5.

Exposition de 1867.

Imp Grandjean et Gascard, Paris.

# ADDITIONS.

## COMMENT

# LES RACES CHEVALINES SE FORMENT

## ET SE CONSERVENT,

### PAR

### M. HUZARD.

EXTRAIT DU BULLETIN DES SÉANCES DE LA SOCIÉTÉ IMPÉRIALE
ET CENTRALE D'AGRICULTURE DE FRANCE. FÉVRIER 1864.

> Dans l'examen de questions où chaque
> phrase soulève une question incidente,
> il est difficile d'être en même temps clair
> et court.

Dans un article (1), qui est le second, sur les alliances entre consanguins dans les races d'animaux domestiques, article dans lequel je cherche à faire voir combien est antiphysiologique et

(1) *La Vie à la campagne*, journal des haras, chasses, pêches, agriculture, etc., numéro de janvier 1863. — *Note sur les accouplements entre consanguins dans les familles ou races des principaux animaux domestiques*, 1ᵉʳ article (*Revue et magasin de zoologie*, 1857, n° 4).

10

fausse l'idée que ces alliances sont nuisibles, j'ai dit que j'examinerais une autre idée de Hartman, celle-ci : que, « *dans un haras, il faut avoir* « *soin de croiser les races, et, pour cet effet, les* « *renouveler par des races étrangères* (1). »

Mais, en me mettant à l'œuvre, je me suis aperçu que le sujet était tellement complexe, qu'il n'était pas possible de traiter un seul point; qu'il devenait indispensable, pour dire quelque chose de fondé, de reprendre *ab ovo* la question de la manière dont les races se forment. J'ai dû me borner, cependant, aux races de chevaux; car, si la *formation* de celles des animaux que l'on élève pour la boucherie est soumise aux mêmes règles générales, la *conservation et la re-production* de ces dernières sont soumises à quelques règles différentes; et j'aurais été entraîné trop loin. Il ne s'agira donc, dans cette note, que de races chevalines, que de la manière dont elles se forment et se conservent.

Et, d'abord,

______

(1) Hartman, *Traité des haras*, p. 51, traduction française.

### *Ce que c'est qu'une race de chevaux.*

En histoire naturelle, quand il s'agit de quadrupèdes mammifères, on appelle *espèce* un groupe d'animaux qui ne s'accouplent et ne se reproduisent qu'entre eux.

Le cultivateur et le naturaliste sont bien parvenus quelquefois à faire accoupler en domesticité ou en prison des animaux qui, à l'état sauvage, ne s'accouplent point ; mais, quand ces alliances contre nature ont produit un fruit intermédiaire, ce fruit est resté infécond ; ou, si, par extraordinaire, il est devenu fécond, presque toujours cette deuxième génération n'a pas eu de postérité.

Les chevaux ne s'alliant naturellement qu'entre eux forment donc l'*espèce chevaline*.

Mais, dans les animaux de l'Espèce, un fait se produit : c'est que, en se ressemblant par des caractères qui les font facilement reconnaître pour appartenir à l'Espèce, ils diffèrent néanmoins les uns des autres par quelques caractères particuliers, moins saillants et fugitifs ordinairement.

Un autre fait, c'est que ces caractères moins saillants, fugitifs, deviennent constants dans quelques familles de l'Espèce, et différencient ces familles (1). Cette persistance de caractères ordinairement fugitifs n'a rien qui doive surprendre le physiologiste : il doit penser que, puisque ces caractères se produisent, c'est qu'ils ont une cause, et que, cette cause devenant ou plus intense ou persistante, elle doit, dans ce dernier cas surtout, produire la persistance de l'effet.

En histoire naturelle, on a le plus communément appelé *variétés* ces familles d'animaux dans l'Espèce ; en économie agricole, on s'est servi plus particulièrement des mots *races* et *sous-races*, et aussi *familles*, et enfin *écuries* dans le langage hippique.

Les causes principales qui ont formé les variétés dans les espèces sauvages, et les races dans les espèces domestiques, ont été appréciées ; ainsi on s'est aperçu que, sous des climats chauds, par exemple, les animaux diffèrent de ceux des climats froids ; que, sous des climats secs, ils diffèrent de ceux habitant des climats humides ; la

(1) Le mot *famille* a ici la signification qu'on lui donne en angage ordinaire, et non pas celle qu'il a en histoire naturelle, quand il s'agit de la classification générale des divers êtres.

diversité des climats est donc une cause des variétés et des races.

On s'est aperçu encore que, sous un même climat, suivant que les sols étaient ou secs ou marécageux, il y avait aussi des variétés et des races parmi les herbivores. On conçoit très-bien que les plantes des sols secs ayant des qualités autres que celles des plantes des sols humides, que même des plantes d'espèces différentes se trouvant, dans ces contrées dissemblables, les animaux de même espèce aient eu des différences en raison même de la différence de nourriture. La constitution du sol des localités est donc une autre cause des variétés et des races. Aussi, dans tous les écrits relatifs à la *Géographie zoologique*, on trouve des phrases comme celles-ci : *Il existe une telle harmonie entre le climat et l'organisation des êtres animés, qu'en vertu d'une action inconnue l'individu finit par acquérir des caractères et un instinct appropriés à sa nouvelle patrie, etc., etc. — Entre certaines limites, son organisation et ses habitudes sont susceptibles de se modeler sur le pays et le climat, etc.* (1).

(1) *Géographie zoologique*, par Wagner. (*Revue des deux mondes*, 1859, t. XXIV, p. 114.)

10.

Quant à l'espèce chevaline, puisque c'est du cheval qu'il s'agit, on s'est aperçu que non-seulement les causes indiquées ci-dessus avaient le même effet, mais que d'autres causes bien plus puissantes contribuaient à le produire; par exemple, que les animaux soustraits aux intempéries atmosphériques, surtout sous les climats à saisons alternativement chaudes et froides, se différenciaient des animaux tenus constamment en plein air ; que les animaux nourris abondamment d'une manière permanente devenaient plus grands, plus étoffés que ceux exposés à des alternatives d'abondance et de pénurie ; que le genre des travaux influait sur les allures, et même, jusqu'à un certain point, sur la direction de quelques régions du corps et sur le squelette. Enfin on a remarqué que les différences qui se produisaient par ces diverses causes devenaient d'autant plus fixes dans chaque race, qu'un plus grand nombre de générations s'étaient succédé sous les mêmes influences.

Telles sont les premières et principales causes actives, agissant sur les individus, qui, suivant qu'elles se sont combinées de diverses manières, ont formé des races distinctes de chevaux.

On conçoit que ces causes ont même dû produire plusieurs races dans la même localité, suivant que les éleveurs ont donné des soins différents plus ou moins bien entendus à leurs chevaux. C'est ce qui est arrivé, en effet; et, si, dans
des contrées, on ne rencontre encore qu'une race
de chevaux communs, dans beaucoup on trouve
l'élevage des races nobles à côté de l'élevage des
races communes.

D'après ce qui précède, on peut donc dire que
les races de chevaux se sont formées

*Sous les influences des climats,*
*Sous celles des localités,*
*Sous celles des soins de l'homme surtout,* ou
    autrement *de l'habitation, de la nourri-*
    *ture, de l'exercice.*

Jusqu'ici les faits se présentent d'une manière
assez simple, mais il n'en a pas été toujours ainsi.
Des alliances entre les races nobles et les races
communes se sont opérées : des croisements, des
métissages (1) ont été faits, et des animaux intermédiaires ont surgi.

(1) J'emploie et j'emploierai dans cette note les mots *croise-*

Les faits sont devenus alors très-complexes.

S'il n'y avait eu des alliances qu'entre les races nobles et les races communes du même pays, on aurait vu que les produits de ces alliances, soumis d'une part aux soins qui avaient produit la race noble, se seraient transformés en la race noble elle-même, tandis qu'au contraire le défaut de ces soins aurait fait retourner les métis au type de la race commune.

Mais des croisements entre races plus différentes ont été faits. La réputation acquise à certaines races étrangères, la supériorité réelle de quelques-unes pour un genre de service, la mode même si puissante chez les classes riches de la société, ont donné à quelques-unes de ces races étrangères beaucoup plus de valeur qu'à celles du pays; et l'éleveur, soit propriétaire du sol, soit simple fermier, a été conduit à essayer s'il ne pourrait pas élever chez lui une de ces races recherchées et d'un plus haut prix, s'il ne pourrait pas la substituer à sa race ancienne.

*ment* et *métissage* comme synonymes, et également comme synonymes les mots *croisés* et *métis*.

Pour ce but, deux procédés se sont présentés : le premier a été l'éloignement des animaux de la race commune et leur remplacement par des étalons et juments de *la race étrangère*; le second a été *le croisement ou métissage de la race commune par les seuls étalons de cette race étrangère.*

Comme on doit le voir par ce qui précède, trois procédés se présentent donc pour former des races de chevaux :

1° Transformer une race commune en race noble au moyen d'un régime et d'un élevage convenables aux formes et aux qualités qu'on veut avoir;

2° Substituer dans le haras une race étrangère à la place de la race du haras;

3° Transformer la race du haras en une race déterminée au moyen du métissage ou croisement.

C'est de ces trois manières de changer la race que je vais m'occuper; mais il faut que je dise pourquoi je ne me sers pas de deux mots employés généralement en pareil sujet, ce sont les deux mots *race pure* : c'est parce que, pour moi, ils ont une signification fautive ; c'est qu'en montrant la seule signification qu'ils doivent avoir on enlève une cause de désaccord; c'est qu'en ne les employant pas du tout on fait mieux encore.

Quand il s'agit des races chevalines, que veut donc dire le mot *pure* à la suite du mot *race?* Qu'on me permette la forme interrogatoire, elle rend inutiles souvent les explications.

Connaissons-nous un type primitif, unique, sauvage de l'espèce chevaline?

Évidemment non.

Connaissons-nous plusieurs variétés primitives, sauvages de l'espèce chevaline, desquelles nos races diverses domestiques puissent être originaires?

Non encore évidemment.

Maintenant, est-il vrai que les races domestiques les plus précieuses ne se conservent, n'importe sous quel climat, avec leurs caractères acquis, avec leurs aptitudes acquises, qu'au moyen des soins incessants de l'homme? Est-il vrai encore que la race, redevenue sauvage dans l'Amérique du Sud, ait perdu de l'élégance et de l'harmonie des formes de nos races nobles de l'Europe et surtout de celles de l'Asie?

La réponse à ces nouvelles questions est également facile, c'est la réponse affirmative.

Que résulte-t-il donc des réponses à ces questions? Il en résulte ceci, c'est que le mot *pure*

ajouté à celui de *race* n'indique point une variété
primitive indépendante de la domesticité, indépendante de l'hygiène ; c'est qu'il indique d'une
manière conventionnelle, parmi les races domestiques que l'homme a toutes faites, c'est qu'il indique, dis-je, qu'il y en a que l'homme conserve,
telles quelles, en ne les mélangeant point avec
d'autres et en les maintenant *sine quibus non* sous
les influences naturelles et artificielles qui les ont
formées : c'est que le mot *fixée*, qui indique un
fait non interprétable, serait le mot propre, et
qu'il ne mettrait personne dans l'erreur, tandis
qu'on peut se *demander, et que le naturaliste se
demande avec raison, ce que c'est qu'une race pure
de chevaux.* On verra dans cette note combien le
mot *fixé* est clair, là où le mot *pur* aurait été peu
compréhensible.

Il est vrai qu'en donnant à ces mots *race pure*
leur véritable signification, *race fixée*, nous n'aurons plus alors nos légendes hippiques, nous n'aurons plus nos juments de Mahomet, nous n'aurons,
plus la race pure arabe, nous n'aurons plus la
race pure anglaise, etc.; et l'homme aime tant les
légendes ! Mais les légendes ne sont pas de saison
dans tout ce qui regarde les sciences positives.

Arrivé que nous sommes à la conclusion de cette question incidente, revenons où nous en étions resté, ou à la manière de substituer dans le haras une race étrangère à la race ancienne.

Nous avons dit qu'il y avait trois procédés :

1° Par la transformation d'une race commune en race noble, au moyen d'une hygiène et d'un élevage convenables ;

2° Par la substitution par pères et mères d'une race étrangère ;

3° Par croisement ou métissage.

PREMIER PROCÉDÉ.

*Transformation de la race commune en race noble au moyen d'un régime et d'un élevage appropriés.*

Dans la présente note il ne s'agit pas de formuler des préceptes d'hygiène, il s'agit d'exposer simplement les circonstances qui ont présidé et qui président à la formation des races. Je ne parlerai donc point de la manière dont il faut s'y prendre pour mettre ce premier procédé à exécution. Tout

le monde sait, du reste, qu'au moyen de bonnes
écuries sèches et bien aérées, qu'au moyen d'une
nourriture et d'un exercice appropriés à l'âge du
poulain et au genre d'aptitudes qu'on recherche,
qu'au moyen du choix sévère des étalons et de
l'exclusion des juments fautives, on transforme
une race commune en une race noble. Les voya-
geurs nous apprennent qu'en Arabie même, pour
me servir d'en exemple frappant, les chevaux de
race noble sont des exceptions; qu'il ne s'en
trouve guère que sous la tente des chefs des tribus,
et, dans les villes, que dans les écuries des Puis-
sants; que le plus grand nombre, la grande majo-
rité des chevaux dans les tribus et dans les villes
surtout, ne valent pas grand'chose. A ce propos,
qu'il me soit permis de rappeler que, lors de la
guerre de Crimée, une commission anglaise envoyée en Syrie, sur la limite du désert, pour y
acheter des chevaux de cavalerie légère, a pu à
peine trouver quelques chevaux passables au milieu de tous ceux qui lui ont été présentés, et que,
par suite, sa mission a été manquée.

Ce procédé de créer une race noble n'est pas
aussi difficile que les deux autres; mais il est plus
long à produire des résultats, et peu d'hommes,

dans leur vie agricole, se trouvent dans la position de l'employer d'une manière suivie. C'est peut-être pour cette raison qu'il est si rarement proposé et si rarement pratiqué, et que quelques auteurs n'en font pas mention, tandis que les écrivains parlent des deux autres procédés. — Passons au deuxième.

### DEUXIÈME PROCÉDÉ.

*Par substitution, dans le haras, d'une race étrangère.*

C'est le moyen le plus simple, celui qui se présente le premier, et on a vu des races ainsi transplantées réussir et se propager ; comme aussi on a vu le contraire arriver, c'est-à-dire la race introduite dégénérer plus ou moins promptement.

Ce que nous avons dit de la manière dont les races s'étaient formées indique la cause de ces résultats contraires. Il devait arriver, en effet, que si on transportait la race d'une contrée dans une autre où les influences naturelles étaient les mêmes, et où une hygiène, sinon tout à fait sem-

blable, au moins identique dans ses résultats,
était employée, la race transplantée devait réussir ; on a même de fréquents exemples que des
races transplantées sous un climat, dans une localité tout à fait différents, conservent néanmoins
leurs caractères, leurs aptitudes, quand un régime approprié d'écurie, de nourriture, d'exercice, de pansements vient annihiler les influences
locales. C'est ainsi qu'on a vu et qu'on voit des
races de chevaux des pays chauds de l'Orient se
reproduire et se conserver sous les climats humides et froids du nord-ouest de l'Europe ;
comme aussi l'on a vu la race importée dégénérer, lorsqu'à la mort du fondateur dans les
haras particuliers, et lorsqu'à la suite du changement des directeurs dans des haras d'État, des
intérêts nouveaux ou des systèmes nouveaux
d'élevage ont fait négliger l'hygiène convenable.

Quelques personnes, je le sais, diront que la
cause des non-réussites n'est pas celle que j'indique, que cette cause n'est pas le manque d'une
hygiène convenable, elles diront qu'il y a impos-
sibilité de maintenir les races d'Orient sous un
climat autre que celui qui les a vues naître ; que,
si quelques haras de chevaux d'Orient se sont

créés sous les climats de l'ouest de l'Europe, ils ont tous cessé d'exister au bout d'un certain temps.

Sans doute ils ont cessé d'exister, et ils devaient cesser d'exister quand le régime nécessaire à leur persistance cessait; mais, tant que ce régime a duré, ils ont duré; et dans quelques lieux ils ont existé assez longtemps pour avoir laissé, sur les lieux, des traces de leur passage. C'est ainsi que, dans le Limousin, aux environs de Pompadour, puis dans la vallée de Tarbes, on trouve encore des restes de type arabe. C'est ainsi que le haras de Newstadt, sur la Dosse, en Prusse, a eu longtemps et a peut-être encore un haras de chevaux arabes; qu'un comte Huniady, en Hongrie, a eu un haras de chevaux de la même race ; qu'en Angleterre il y a eu aussi quelques haras de chevaux arabes. Ce qui a fait disparaître ces haras, c'est que les chevaux étaient trop petits pour les besoins des peuples occidentaux. En Angleterre, l'hygiène les a transformés en chevaux de course.

En outre des difficultés inhérentes à la conservation d'une race étrangère sous de nouveaux climats, son introduction demande l'achat d'étalons et de juments de cette race : cette introduction est alors généralement dispendieuse, hors de la portée du plus grand nombre des éleveurs; ce n'est donc pas ce moyen qu'ils emploient communément.

Au reste, ce second procédé d'introduction d'une race nouvelle ne trouve de contradicteurs que par rapport à la difficulté de la conserver avec toutes ses qualités; et on est à peu près d'accord que, quand on ne réussit pas, c'est qu'on ne sait pas s'y prendre, c'est qu'on ne sait pas ou qu'on ne peut maîtriser les circonstances défavorables.

Ce qui a donné lieu aux opinions diverses, opposées souvent, c'est surtout le troisième procédé. Dans l'examen de ce troisième moyen nous allons trouver les raisons de ces opinions contradictoires.

### TROISIÈME PROCÉDÉ.

*Par métissage ou croisement.*

Par ce procédé on a en vue l'un des trois buts suivants :

11.

1° Ou on se propose de transformer comp'ète-
ment la race en celle qu'on a choisie pour opérer
le métissage, et c'est alors le même but qu'on
cherche à atteindre que celui dont nous venons
de parler dans le second procédé, c'est-à-dire la
substitution complète d'une race à une autre :
seulement les éléments, ainsi que la manière
d'agir, sont différents ;

2° Ou bien on veut donner seulement à la race
de l'exploitation quelques-unes des qualités de la
race étrangère qu'on a choisie, et former ainsi
une race intermédiaire ;

3° Ou bien, enfin, on veut seulement faire des
animaux de vente sans former une nouvelle race.

Voyons maintenant ce qui doit arriver dans la
recherche de l'un ou de l'autre de ces buts. Il est
bien entendu qu'il ne peut être question de ces
accouplements faits sans suite avec des étalons,
tantôt d'une race, tantôt d'une autre, et dont les
produits, quand Buffon parle, je crois, des races
de l'espèce canine, sont appelés par lui races ou
chiens de rue. Quand on agit ainsi, il n'y a plus
de métissage, il n'y a que des accouplements, et
on ne peut savoir où l'on va.

*Premier but du métissage*, — celui de la transformation complète de la race en la race étrangère.

Pour y arriver, le cultivateur prend des étalons de la race étrangère et les accouple avec ses
juments, puis successivement avec les premières
métisses, puis avec les secondes, et ainsi de suite
en excluant d'abord de la reproduction tous les
produits mâles métis, et cela jusqu'à ce que les
produits du métissage aient les qualités des pères
et n'aient plus rien de la race des mères; c'est
alors seulement qu'il emploie les mâles métis à la
reproduction.

Dans ce métissage,

Ou bien avec les étalons de la race étrangère
on introduit et les soins qui ont fixé cette race et
les soins nécessaires pour annihiler les influences
qui lui seraient contraires,

Ou bien on introduit les étalons sans se préoccuper de ces soins.

Dans le premier cas, d'une part le sang (1)
étranger introduit, trouvant et le régime et les

(1) Il faut qu'on me pardonne cette **expression consacrée**,
qui a certes un sens physiologique.

soins qui l'ont produit, doit tendre à rester ce qu'il est, et d'autre part le sang de la race du pays non-seulement diminuant proportionnel'ement à mesure que l'autre augmente par les métissages successifs, mais encore tendant, sous le régime nouveau, à se transformer et à acqué:ir les mêmes qualités que le sang étranger, il n'y a rien d'étonnant qu'il s'y assimile complétemcnt sous la continuité des soins hygiéniques nouveaux, et qu'il n'y ait plus, à un degré de métissage, besoin d'introduire des étalons de la race étrangère; qu'il arrive, en définitive, une époque où la race est assez fixée pour qu'elle se reproduise par elle-même. *C'est tout simplement une. nouvelle race qui se forme et se fixe, comme toutes celles qui se sont fixées depuis que le cheval est sous la dépendance de l'homme.*

Ce qui ne peut nuirc cependant, c'est de temps en temps, et dans des circonstances favorables, de recourir aux étalons de la race amélioratrice : on conçoit que ce recours momentané ne peut être qu'avantageux sous un climat, dans une localité défavorable à cette race introduite. La lutte contre ces influences est difficile; elle est de tous les jours : l'arrivée, de temps à autre, d'un étalon bien choisi de la race amélioratrice rend la lutte plus facile : il faut donc saisir ce moyen lorsqu'il se présente ; mais ce n'est pas une nécessité, je le répète, quand la race amélioratrice est bien fixée au moyen du régime qui lui convient. C'est ce régime qu'il faut conserver, améliorer encore s'il est possible ; et alors on verra combien est mal basé cet argument « qu'on aura beau métisser, « jamais on n'enlèvera entièrement le sang de la « race des mères, qu'il restera toujours un peu de « ce sang, et que ce peu reprendra le dessus si on « cesse de métisser. » La croyance à une race primitive légendaire, indépendante de la domesticité, indépendante de l'hygiène, fait la seule base de l'argument. Si, au lieu de dire, *si on cesse de métisser*, on avait dit *si on cesse l'hygiène convenable*, on serait rentré dans le vrai.

En poursuivant ce premier but du métissage, et de la manière rationnelle indiquée, on peut donc dire avec les éleveurs intelligents, avec Hartman lui-même, *on n'a plus sitôt besoin d'étalons étrangers, et à la fin on s'en passe tout à fait* (1). On se rend compte aussi de cette autre formule qui

(1) Hartman, ouvrage cité, p. 72.

exprime le même fait : *par le métissage bien suivi on peut à la fin reproduire la race introduite, et la conserver par ses nouvelles productions, sans avoir plus recours aux étalons reproducteurs.*

Il est inutile, je pense, de dire que je ne parle pas ici d'un métissage où les étalons reproducteurs seraient d'une race fixée sous le même climat, dans une localité semblable et sous les mêmes soins que la race qu'on doit changer; on pourrait alors faire la remarque qu'il n'y aurait pas grande malice dans la réussite. Je fais allusion, je le répète donc, à un métissage par une race d'un autre climat et toute différente de formes et même d'aptitudes.

Passons à la seconde circonstance. — Ou bien on introduit dans le haras les étalons étrangers, sans se préoccuper des influences et des soins qui ont fixé la race de ces étalons.

Il me paraît tout naturel qu'alors il arrivera le contraire de ce qui se passe dans la première circonstance, c'est-à-dire qu'on ne réussira pas à reproduire et encore moins à fixer la race des étalons étrangers. En vain on fera succéder régulièrement les croisements par les étalons les plus excellents; leur sang, sous les influences toutes contraires à celles d'une localité, d'un climat, sous lesquels il s'est produit, et sous un régime impropre à lui conserver ses qualités, sera toujours modifié, dominé par celui de la race des mères, qui reste dans ses éléments de production première.

Les mêmes causes qui auraient empêché le changement de la race par substitution d'une race étrangère empêche son changement par métissage, *et ces causes sont le régime impropre.*

Il arrive même, dans ce cas, quand les races sont de constitution et d'aptitudes toutes différentes, que plus les croisements se succèdent, que plus les métis ont du sang des pères, que plus ils recoivent quelque chose de la race étrangère, plus ce quelque chose devient disgracieux, fautif; les formes sont décousues, comme on dit : il n'y a plus d'harmonie entre les formes et les aptitudes. C'est ainsi que nous voyons la race anglaise des chevaux de course (race horse, full blood, thorougbreed), quand elle est croisée avec les races communes du continent, *sous le régime agricole, économique de ces dernières races,* donner des productions d'autant plus mauvaises que le métissage se continue d'une manière bien suivie (1). Comment en serait-il autrement?

Ce sont ces insuccès qui, se renouvelant trop fréquemment, quoiqu'ils doivent être prévus, ont donné lieu à l'idée malheureuse, à l'axiome qui a été l'expression de cette idée que « par le métis-« sage, quelque bien suivi qu'il fût, on ne pou-« vait jamais arriver à avoir et à fixer la race « amélioratrice; » — ou encore, « qu'il y a un « *principe inconnu* en vertu duquel les races ne « sauraient se constituer par voie de croisement « ou de métissage. » Il me semble inutile d'insister sur le peu de base solide de cet axiome.

*Second but du métissage,* — celui d'avoir une race intermédiaire.

Dans ce but, l'éleveur, après avoir choisi les étalons dans la race des qualités de laquelle il veut faire participer son haras, s'arrête au premier ou au second croisement quand les produits ont les qualités qu'il désirait; puis il allie ensuite les produits entre eux. Si les produits de ce premier et second croisement n'ont pas répondu à son

(1) *Bulletin de la Société d'encouragement pour l'industrie nationale,* 1852, p. 282.

attente, il prend alors les étalons dans une autre race.

On conçoit que l'éleveur qui avait vu par expérience, ou qui avait compris que l'hygiène de son écurie ne lui permettait pas de reproduire une race étrangère avec toutes ses qualités, ait tenté d'avoir quelques-unes seulement des qualités de cette race en formant une race intermédiaire.

On comprend que dans ce cas il n'a dû faire les croisements qu'à des degrés restreints; autrement il aurait marché vers le premier but du métissage. Je dirai que presque toujours l'éleveur a été obligé de s'arrêter aux premiers métis. En effet, si ces premiers métis ne sont pas avantageux, il y a toute probabilité que les seconds et les suivants le seront moins encore sous le régime peu favorable aux étalons de la race reproductrice. Je viens de dire ce qui arrive assez souvent, dans ce cas, aux produits du métissage par la race des chevaux anglais de course.

L'éleveur a donc dû s'arrêter aux premiers ou aux seconds métis, et alors il a appareillé ces métis entre eux pour les multiplier et faire la race intermédiaire. On comprend, d'après tout ce qui précède, qu'il n'a pu obtenir un résultat satisfai-

sant qu'au moyen de certains changements dans le
régime de son écurie, qu'au moyen d'une hygiène
plus appropriée aux nouvelles qualités des produits
métis qu'il voulait fixer en race intermédiaire,
qu'au moyen d'un choix sévère des étalons et des
mères; puis même quelquefois au moyen du recours momentané à des étalons bien choisis de la
race amélioratrice (et non d'autres races). C'est
ainsi qu'en Angleterre les chevaux dits demi-sang
forment actuellement quelques races qui se reproduisent par elles-mêmes depuis longtemps déjà;
c'est ainsi qu'en France, depuis que les chevaux
anglais sont à la mode, des races anglo-normandes
se forment un peu moins régulièrement, un peu
moins savamment sans doute que je l'indique ici,
et d'une manière un peu plus saccadée, mais
enfin qu'elles se forment, et sous un régime approprié constituent sinon déjà de grandes races,
au moins des écuries à l'état de races fixées. Il
me semble qu'il n'y a dans ces faits rien qui puisse
paraître contraire aux lois qui président à la formation des races; les réussites ont donc fait dire
qu'en *croisant deux races fixées différentes on
peut faire et fixer une race métisse intermédiaire.*

Mais des éleveurs n'ont pas réussi dans ces tentatives : ce sont ceux qui n'ont pas compris que, pour faire une race intermédiaire et la fixer, il fallait donner aux produits métis un régime propre à leur conserver les nouvelles qualités ; ce sont les éleveurs qui n'ont pas compris que le sang des étalons améliorateurs, sous des influences qui ne lui étaient point favorables, devait rapidement disparaître, mêlé qu'il était avec celui des mères qui restaient sous les influences qui avaient fait leur sang et qui le renouvelaient sans cesse. Évidemment les métis accouplés entre eux sous ces dernières influences ne pouvaient dans leurs enfants reproduire les qualités des étalons de la race amélioratrice; ils devaient reproduire le type des mères : de là ce dire contraire au précédent *que les métis accouplés entre eux ne pouvaient donner lieu à une race intermédiaire.*

La cause de ces non-réussites n'étant pas comprise, on en a inventé; on a dit : « des métis d'une même souche accouplés entre eux ne peuvent reproduire leurs qualités dans leurs enfants, parce que par l'effet de la consanguinité leurs enfants doivent nécessairement dégénérer. » Puis cette seconde cause : « que des métis, même en dehors de la consanguinité, par cela seul qu'ils sont des métis, ne peuvent rien produire de bon. » Ici il serait trop long de discuter l'opinion relative aux prétendus mauvais effets des alliances entre consanguins. Dans deux notes qui datent déjà de quelque temps, j'ai cherché à détruire ce préjugé contraire à la saine physiologie.

Quant à la seconde opinion, tout aussi incompréhensible, « que des métis ne peuvent donner de bons produits par cela seul qu'ils sont des métis , » pour peu qu'on cherche à s'en rendre compte, on s'aperçoit qu'elle n'est autre qu'une transformation de celle si singulière que j'ai déjà citée : « qu'il y a un *principe inconnu* en vertu duquel les races ne sauraient se constituer par voie de croisement ou de métissage, » ou bien qu'elle implique l'idée qu'il y a eu à l'origine de l'espèce plusieurs variétés créées simultanément avec des qualités propres à chacune ; que ces variétés ont donné naissance à nos différentes races, et que les qualités provenant de chaque variété primitive ne peuvent se transmettre d'une race à l'autre. Hypothèse sur hypothèse; cette dernière a au moins un raisonnement en sa faveur.

*Troisième but du métissage.* — Faire des métis d'une bonne vente sans constituer de race.

On comprend que l'éleveur qui ne pouvait ou ne voulait point changer le régime de son écurie, et qui, par cette raison, ne pouvait, par le métissage, ni convertir entièrement sa race commune en une race noble, ni fixer dans son écurie quelques-unes des qualités de cette race en formant une race intermédiaire, se soit alors borné à faire des métis, sans fixer une race, quand ces métis étaient d'une vente plus avantageuse que la vente des produits de son ancienne race.

Mais on comprend aussi que, les juments mères arrivant enfin à l'âge de la réforme, ces mères devaient manquer. Où s'en procurer alors ? Aussi cette question posée a-t-elle fait dire « qu'un pareil métissage n'est pas à conseiller, en ce qu'il ne peut être continué. »

Ce métissage se fait cependant tous les jours; il se fait comme se fait la production des mulets. Ainsi qu'il y a, en Poitou, des fermes où les juments ne sont employées qu'à produire des juments mulassières, et des fermes où les juments ne sont employées qu'à produire des mulets, ainsi il y a, dans le cas dont il s'agit, des fermes et des marchés où l'éleveur qui ne veut faire que des métis de vente sait bien se procurer d'autres juments quand celles qui lui donnaient ces intermédiaires lui font défaut.

Ici je m'arrête en disant que

C'est parce qu'on n'a pas su différencier ces trois buts, et, par suite, adopter les moyens rationnels de les atteindre, que bien des métissages ont été sans résultats avantageux, et que des personnes, en présence de ces insuccès et sous des idées préconçues de races pures, primitives probablement, n'aient pas craint de proscrire le métissage. Heureusement, les éleveurs n'ont pas partagé ces craintes.

Maintenant je reviens à la phrase de Hartman qui a motivé cette note : *Dans un haras, il faut avoir soin de croiser les races ; pour cet effet, les renouveler par des races étrangères.*

Et d'abord la phrase n'est pas claire. Si le premier membre de phrase semble se rapporter au métissage, le second semble se rapporter au changement de la race par substitution d'une autre race. Mais, en supposant que le second membre de phrase s'applique aussi au métissage, en admettant que ce soit le traducteur qui ait mal rendu la pensée de l'auteur, *pourquoi donc croiser les races quand elles sont bonnes, quand elles sont fixées?* C'est une question qu'on aurait pu faire à Hartman. D'après son livre, on est porté à penser qu'il avait l'idée que, toutes les races domestiques n'étant point naturelles, elles devaient dégénérer. Peut-être croyait-il alors à la race légendaire arabe comme race primitive, et qu'il fallait y avoir recours plus ou moins indirectement et de temps en temps pour empêcher les races de dégénérer. La lecture de son livre pourrait conduire à cette supposition.

Quoi qu'il en soit, il ne regardait cependant pas son précepte comme bien absolu, puisque, plus loin, il ajoute : « *Quand on a le soin de conserver les races toujours pures, et quand ainsi la nature peut, pendant une longue suite de générations, opérer librement sans aucun mauvais mélange, elle leur fait prendre avec le temps une trempe durable qui ne se dément point.* Alors on n'a plus sitôt besoin d'étalons étrangers, a

**LA FIN ON PEUT MÊME S'EN PASSER TOUT A FAIT** (1).

La contradiction est par trop manifeste! Elle provient, sans doute, de ce qu'Hartman avait vu les deux résultats se produire dans les divers haras de l'Allemagne, et qu'il ne s'était pas rendu suffisamment compte des causes de ces résultats différents. Il n'avait pas su que, dans les haras où la réussite avait eu lieu, le régime avait été mis et était resté en rapport avec les qualités qu'on recherchait dans la race, et qu'au contraire, dans les haras où la dégénérescence s'était produite, c'était parce qu'on n'avait pas adopté l'hygiène nécessaire, ou parce qu'on avait cessé d'avoir recours à cette hygiène.

### CONCLUSION.

Il résulte pour moi des considérations qui précèdent que toutes les races de chevaux, depuis celles à la stature et aux formes les plus colossales jusqu'à celles aux formes les plus harmonieuses et celles aux aptitudes les plus marquées, étant le produit d'une hygiène qui sait tirer parti des in-

(1) Ouvrage cité, p. 72.

fluences naturelles locales ou annihiler ces influences quand elles sont contraires,

*Le cultivateur peut, par les procédés que je
viens de rappeler, et que nombre d'exemples ont
prouvés être possibles et fructueux,* peut, dis-je,
reproduire ces races diverses dans certaines limites climatériques, et que tous les axiomes contraires à ce dire manquent de vérité en tant qu'ils
sont absolus.

SUR LES

# PRÉTENDUS MAUVAIS EFFETS

DES

ALLIANCES CONSANGUINES

PAR

M. HUZARD.

Les personnes qui ont entendu dire que les alliances consanguines étaient nuisibles ont dû, en
lisant la note qui précède, se demander ce que
devait faire l'éleveur qui n'avait à sa disposition

qu'un étalon pour suivre l'un des procédés de métissage dont il venait d'être question. Dans ce cas, en effet, les alliances entre consanguins très-rapprochés deviennent inévitables. J'ai relégué, dans une note supplémentaire, ce que je voulais dire à ce sujet.

Mais, comme c'est chez l'homme que l'on croit avoir surtout observé ces mauvais effets, mon examen critique s'appliquera autant à ce qui a été dit par rapport à l'espèce humaine que par rapport aux espèces d'animaux : c'était forcé de ma part.

Alors, à ce sujet, deux questions se présentent : — la question de morale — et la question de physiologie.

La question de morale ne fait pas de doute.

*Le Prêtre, le Moraliste, le Législateur ont eu grandement raison de proscrire les mariages en ligne directe et alliés très-rapprochés.* Ils ont voulu éviter que, dans le foyer de la famille, il s'élevât des désirs, des passions, des rivalités, des intérêts qui pussent mener au crime. Voilà ce que la législation voudra toujours : — a-t-elle eu un but physiologique? rien n'indique qu'elle ait eu ce but.

Examinons maintenant la question physiologique.

Cette question a heureusement fait des progrès depuis peu ; je le crois du moins. Les médecins ont bien vite vu que les effets des alliances consanguines ne pouvaient être que ceux de la loi d'hérédité, et aussi que ceux de l'hygiène : mais tout le monde n'a pas encore cette persuasion. C'est donc pour ce monde que j'écris ; j'écris, en même temps, pour quelques vétérinaires et pour quelques éleveurs qui, par la crainte des prétendus mauvais effets des alliances consanguines, peuvent être entraînés à négliger l'amélioration des races par elles-mêmes.

Sans aucun doute, des vétérinaires et des agriculteurs ont trouvé des exemples de mauvais effets dans des alliances consanguines dans les animaux : mais dans quel cas, et dans les races de quelles espèces ?

Dans les cas de mauvais régime, oui, des mauvais effets se sont produits ; mais ils se sont produits aussi en dehors des alliances consanguines, — ils se sont produits surtout lorsqu'on a allié les consanguins sans se préoccuper de leur bonne ou mauvaise constitution individuelle, et de leur héritage constitutionnel, paternel et maternel.

Oui, ces mauvais effets se sont produits aussi et se produisent particulièrement soit dans les races de porcs, soit dans les races d'engrais de quelques autres espèces.

Qu'y a-t-il donc de particulier dans ce fait, par rapport aux races de porcs? Est-il étonnant que des individus de race soumise méthodiquement à un régime contraire à la conservation d'une bonne constitution soient exposés, dans leurs produits, à une dégénérescence? Le régime explique parfaitement ce fait. Si on avait fait attention que ces faits de dégénérescence dans ces races se produisaient tout aussi bien en dehors des alliances consanguines, il n'y aurait plus eu de doute.

Dans les races que l'on élève dans tout autre but que celui de l'engraissement, et pour lesquelles un bon régime doit être le régime suivi, ces exemples d'animaux malingres provenant d'alliances consanguines sont très-difficiles à trouver; ce sont des exceptions seulement : au contraire, des exemples du bon effet des alliances consanguines se produisent tous les jours dans ces races, non-seulement sous le rapport des qualités recherchées, mais même, avec un régime convenable, sous le rapport de l'amélioration de la constitution.

Je ne reviendrai pas sur les faits que j'ai rapportés, à ce sujet, dans ma première note. Quoi qu'on en ait dit pour les torturer et pour en annihiler les conséquences, ces faits sont restés vrais et authentiques.

- Comment donc le préjugé a-t-il pu prendre racine?

On a dit bien des fois que des mots mal compris et appliqués dans un sens qu'ils n'avaient pas d'abord, qu'ils n'auraient dû jamais avoir, en produisant des malentendus, ont non-seulement obscurci des questions claires, mais encore ont donné naissance à des erreurs. Le mot *consanguinité* est dans ce cas.

Voyons donc ce que ce mot peut signifier.

Ce mot, dans son acception propre, primitive, positive, signifie une relation, un degré entre parents, un degré très-rapproché; c'est un mot de légiste.

Eh bien, on lui a attribué, par extension, la signification d'une maladie. Et qu'on ne dise pas que cette attribution n'a pas eu lieu!

Sans doute on n'a pas dit que c'était

Une peste,
Une maladie paludéenne,
Une maladie tellurique,
Une maladie contagieuse,
Une maladie virulente;

Mais quand on a dit que de la consanguinité, quoique le père et la mère vinssent d'aïeux bien sains, quoiqu'ils fussent bien sains, bien portants, et qu'ils restassent toujours sains, toujours bien portants; quand on a dit que de cette alliance il naissait, *ipso facto*, des enfants malades, est-ce qu'on n'a pas, dans cette supposition, donné au mot *consanguinité* la signification d'une maladie qui prenait naissance dans le sein de la mère bien portante, demeurant bien portante?

Évidemment on a donné, dans ce cas, au mot *consanguinité* la signification de maladie.

Mais, si c'était réellement une maladie, quels seraient alors ses signes, ses symptômes?

Arrêtons-nous à cette dernière question.

Serait-ce la surdité de naissance? car il ne pourrait y avoir qu'une surdité de naissance qui en fût le signe. Mais, comme la surdité de naissance reconnaît plusieurs lésions, quelle est donc la lésion qui est le signe de la maladie? A-t-on trouvé, a-t-on caractérisé cette lésion? On ne l'a pas fait.

Ai-je donc raison d'arrêter l'attention sur les signes, sur les symptômes de la *maladie-consanguinité*. On voit de suite dans quelle série de questions bizarres on est entraîné.

Aussi qu'est-il arrivé? C'est que les médecins d'abord, puis les vétérinaires, eux qui observaient des animaux qui ont des oreilles, et chez lesquels on ne voyait pas de sourds de naissance venant d'alliances consanguines, ont cherché, plus tard, d'autres symptômes, d'autres signes de la *maladie-consanguinité*.

Et qu'on ne nie pas que la surdité de naissance ait été le premier signe, presque l'unique signe attribué d'abord à la prétendue maladie, les écrits donneraient un démenti formel à la négation; aussi ce signe primitif, principal, n'a-t-il plus, au bout d'un certain temps, été l'unique. Une foule d'autres y ont été ajoutés : l'idiotisme, le bégayement, les écrouelles, les scrofules, toute la série des diathèses. Dans nos animaux domestiques, comme on n'a, jusqu'à présent, trouvé, dans le résultat d'alliances consanguines, ni sourds, ni bègues, ni idiots, on a trouvé autre chose. Dans le mouton, par exemple, on a trouvé que l'extrême finesse de la laine et son manque de force tenaient, par suite de l'affaiblissement de la santé, à ce que les animaux provenaient d'alliances consanguines; il me semble à peu près inutile de réfuter cette idée. Dans les races de porcs on a trouvé que la fécondité diminuait, qu'elle cessait même. Cependant, depuis bien longtemps, on savait que les animaux et que les races ayant acquis le plus de propension à l'engraissement dégénèrent dans leurs productions, et que, jusqu'à un certain point, leurs facultés reproductrices s'en ressentent. Jusqu'ici on avait regardé le régime comme la cause première de cette dégénérescence, puis l'hérédité comme cause secondaire; cette manière d'expliquer les faits était toute physiologique : la *maladie-consanguinité* est devenue bien plus physiologique apparemment.

Mais il me semble entendre dire au sujet de ce mot *maladie-consanguinité* : Quel galimatias ! Soit; je suis de cet avis.

Qu'est-ce donc alors que la consanguinité, si ce n'est pas une maladie?

Est-ce une cause?

Est-ce un effet?

Lequel des deux? Est-ce tous les deux à la fois? Nouveau galimatias (1).

Laissons donc de côté cette *maladie-consangui-nité* qu'un médecin, assez bon plaisant, prétendait devoir être classée, en nosologie, dans les maladies entrant par l'oreille, et passons à quelque chose de sérieux, s'il peut y avoir quelque chose de sérieux dans cette question, et supposons que la consanguinité soit une cause, ou, pour parler français, que les alliances entre consanguins, par cela seul, *ipso facto,* que ce sont des alliances entre consanguins, puissent avoir un effet.

D'alliances entre consanguins il est né des enfants sourds : il n'y a pas de doute à cela.

Mais il est né des enfants sourds aussi d'alliances entre individus de familles différentes, il n'y a pas de doute à cela non plus.

______

(1) Je me suis servi, moi aussi, de ce terme impropre de consanguinité, mais en lui assignant la même acception que celle d'alliances consanguines. C'est seulement lorsque j'ai vu l'erreur capitale à laquelle il pouvait donner lieu, que j'ai compris combien j'avais eu tort.

Mais la statistique! dira-t-on. Parlons donc de la statistique.

A-t-elle établi le genre de surdité qui résulte des alliances consanguines? A-t-elle constaté l'état de santé physique et moral des père et mère, des aïeux, grand-père et grand'mère? La statistique ne l'a pas fait, que je sache. Cela serait cependant d'une haute importance, d'une importance capitale, pour donner, s'il était possible, quelque poids à la statistique dans la question dont il s'agit. Qui ne sait, d'ailleurs, que dans les questions complexes, dans les questions d'appréciation surtout, la statistique est, qu'on me pardonne l'expression, une selle à tous chevaux? Elle dit tout ce qu'on veut lui faire dire. Suivant que les questions sont posées d'une façon, les réponses sont toutes dans un sens ; suivant que les questions sont posées d'une autre manière, les réponses sont toutes dans un autre sens. Je me rappelle, au sujet de statistiques, ce que me disait le mathématicien Demontferrand, qui, chargé par le ministère d'examiner des renseignements statistiques préfectoraux, fut obligé, par deux fois, de les faire renvoyer comme erronés. L'examen par le système des probabilités l'avait forcé à ce renvoi : il

s'agissait de chiffres cependant, et non d'appréciations (1).

Mais revenons à notre sujet.

Je puis, jusqu'à un certain point, comprendre
que de cousins germains parfaitement sains en
apparence toute leur vie, mais provenant soit du
grand-père commun, soit de la grand'mère commune d'une mauvaise constitution, je puis comprendre, dis-je, que du mariage de ces cousins
germains il puisse naître des enfants malingres,
et que ces enfants puissent tenir cet état de leur
aïeul malingre : c'est un cas d'hérédité, c'est un
cas d'atavisme. Les éleveurs de chevaux observent
quelquefois ces cas par rapport aux formes et aux
aptitudes de leurs animaux; et il ne paraît pas
contraire aux lois physiologiques que ce qui a lieu
par rapport aux formes et aux aptitudes ait lieu
par rapport à la constitution ; mais alors, je ne
saurais trop le répéter, ce cas est dans les lois de
l'hérédité.

Mais de cousin et cousine germains, tous deux
parfaitement sains, venant de pères et mères et

(1) Voir, à ce sujet, *Recherches sur les mariages consanguins et sur les races pures*, par le docteur Dally, 1864,
chez Masson.

d'aïeux également sains, prétendre qu'il **doive**
naître des enfants mal constitués! c'est ce que je
n'admets pas. Singulière prétention, en effet, qui
vient tout d'un coup infirmer les lois de l'hérédité, infirmer les lois de l'hygiène; singulière
prétention qui ne s'appuie que sur une statistique
trompeuse, et qui, dans l'hygiène vétérinaire,
n'a pour elle aucun fait acquis, si ce ne sont les
faits observés dans les races d'engrais, faits que
le système d'engraissement, non favorable à la
santé, explique si bien ; singulière prétention qui
en hygiène vétérinaire encore se trouve complétement en désaccord avec les faits qui prouvent
que les alliances entre animaux consanguins, sous
une bonne hygiène qui comprend un bon choix
de reproducteurs, sont le moyen le plus rapile
de faire de bonnes races et de fixer ces races.

Je ne m'occuperai point, en terminant, à discuter le dire que dans le célèbre troupeau de
Rambouillet, et dans ceux qui ont suivi le bon
exemple qu'il donnait, il y avait plusieurs familles
bien distinctes et qu'on avait soin de choisir les
pères dans une famille, pour les porter dans une
autre; je ne crois pas que ce dire ait été inventé
pour les besoins de la cause; ce que je puis affir-

mer, c'est que ceux qui l'ont écrit n'ont point connu ces troupeaux. Ceux qui les ont connus savent qu'il en était autrement (1).

Je ne discuterai point cet autre dire que les effets mauvais des alliances entre consanguins, qui se manifestent chez l'homme dès la première génération, ne se manifestent chez les animaux qu'au bout d'un certain nombre de générations successives. Je ferai observer seulement qu'il serait très-curieux de savoir sur quelle idée physio logique, sur quels faits surtout ce dire se fonde.

Enfin je ne discuterai pas cet autre dire, si extraordinaire, que les races d'animaux, étant toutes entachées de vices, il ne fallait pas allier entre eux les consanguins, parce que ces vices ne fe-

(1) Voici ce qu'on trouve dans le procès-verbal de la séance de la Société impériale et centrale d'agriculture de France, du 4 mai 1864 : « M. Bourgeois cite l'exemple de la bergerie « de Rambouillet et l'acclimatation du mérinos en France « comme un des résultats les plus concluants en faveur de « la consanguinité ; mais, d'un autre côté, pour que la con- « sanguinité n'ait pas d'inconvénients, il faut n'allier entre « eux que des animaux bien choisis. » (M. Bourgeois est le fils de l'ancien directeur de ce nom : il a été lui-même directeur de la bergerie. Cette double direction a embrassé une période de quarante ans.)

raient que s'accroître. En émettant ce dire, on n'a pas fait attention qu'on retombait tout à fait dans les lois de l'hérédité, et que quelques écrivains, en ajoutant « que, par suite des vices inhérents aux races, il fallait les croiser entre elles, » c'était comme si ces écrivains disaient que pour faire disparaître les défauts des races il fallait, au moyen des alliances entre familles diverses, ajouter les défauts des unes aux défauts des autres, qu'il fallait mêler tous ces défauts entre eux.

Je comprends bien que dans l'espèce humaine un libertinage effréné, au milieu d'orgies de toute nature, engendre des maladies vénériennes, ait engendré la syphilis; mais ce sont alors les acteurs qui sont les premiers punis ; c'est dans leur organisation détériorée que le mal s'engendre. Cela est physiologique.

Mais dire que de cousins germains sains, nés de parents et de grands parents également sains, que de ces cousins placés dans des conditions favorables hygiéniques, physiques et morales (*car les passions ou chagrins jouent un terrible rôle inaperçu souvent chez l'homme*), dire que de l'alliance entre ces cousins il doive naître une maladie, qu'il doive naître des enfants sourds, idiots, bègues, scrofuleux, sans que père et mère et aïeux aient eu la moindre atteinte d'un de ces maux, je prétends que ce dire est antiphysiologique au suprême degré, et j'ajoute que le fait qu'il indique serait un effet monstrueux ; que cet effet est impossible comme résultat de la cause qu'on lui assigne.

Avant de finir, j'ajouterai une considération qui a encore quelque importance.

Parmi les tendances que les progrès des sciences font surgir, celle à la croyance à l'unité dans les lois de l'organisme fait tous les jours de nouveaux progrès. Sans aucun doute, la loi de la génération ne peut être qu'une dépendance de celle de l'organisme ; elle doit être *une* avec celle-ci. Et quand on voit que dans une espèce nombreuse en variétés et en races, dans l'espèce des pigeons (il faut bien que je rappelle ici ce fait), la loi est que toujours, dans la plupart des variétés et dans toutes les races, le nid se compose d'un mâle et d'une femelle, frère et sœur par conséquent, destinés à vivre toujours ensemble, à s'accoupler toujours ensemble et à reproduire invariablement la variété et la race par frère et sœur, tant qu'un accident ne vient pas tuer l'un ou l'autre, on ne peut s'empêcher d'ajouter que Dieu aurait fait, par rapport à l'homme, une exception bien singulière aux lois de l'hérédité, et j'ajoute, sans hésiter, aux lois de la génération, si ces faits désastreux, dits de consanguinité, étaient possibles (1).

### Résumé et conclusion.

Le mot *consanguinité* signifie une relation.

Ce mot, appliqué pour désigner une maladie ou un résultat matériel, devient un mensonge de l'imagination :

En ce que cette maladie n'a aucun signe, aucun symptôme propre :

En ce qu'en faisant signifier au mot un fait matériel, et en rendant ce fait matériel générateur de toutes les diathèses maladives, c'est, pour le physiologiste et même pour le pathologiste, démontrer que le fait n'existe pas;

(1) Je néglige même ce fait relatif au règne végétal, si remarquable cependant, que la graine féconde est, dans un extrêmement grand nombre d'Espèces, le produit de la fécondation seule de la sœur par le frère dans la corolle commune, dans le nid commun.

En ce que le fait serait contraire aux lois de l'organisme, de la génération, de l'hérédité ;

En ce que, dans l'élevage des espèces domestiques (les espèces et les races de boucherie mises en dehors, bien entendu), les alliances entre consanguins sont le meilleur moyen de reproduire les qualités cherchées, et même, sous une bonne hygiène, d'améliorer la constitution ;

En ce que, dans une espèce d'animaux (et peut-être dans un certain nombre d'autres espèces), plusieurs variétés et toutes les races sont sous la loi de se reproduire constamment par frère et sœur.

Et je conclus en disant que

Les prétendus mauvais effets attribués aux alliances consanguines sont simplement dus ou à l'hérédité ou à des conditions d'hygiène mauvaises, soit physiques, *soit morales dans l'homme,* auxquelles le père, et surtout la mère en enfantement, et aussi le produit dans les premiers temps de la naissance, ont été exposés.

---

EXTRAIT DU BULLETIN DES SÉANCES DE LA SOCIÉTÉ CENTRALE D'AGRICULTURE DE FRANCE, 1862.

# POURQUOI

## DANS LES CONCOURS AGRICOLES

# PRIMER LES ÉTALONS

## PLUS QUE LES JUMENTS?

PAR

## M. HUZARD.

EXTRAIT DU JOURNAL DES HARAS, N° D'AOUT 1860.

Il est des mesures dont on ne s'ingénie pas d'abord à chercher la raison d'être; puis la pensée y revient; puis, un beau jour, on est tout étonné de s'apercevoir que la mesure regardée comme bonne peut ne pas l'être autant qu'on le croyait.

Il en a été ainsi, pour moi, de celle, dans les concours agricoles, de primer les étalons davantage que les juments.

En cherchant comment on est arrivé à cette mesure, en examinant les raisons, en apparence fondées, qui l'ont fait adopter, je suis arrivé à croire que ce serait la mesure inverse qui serait rationnelle. Pour faire comprendre mes raisons, j'ai besoin de remonter un peu haut ; heureusement je puis être court.

Le premier but que l'administration en France a voulu atteindre, en encourageant l'élevage du cheval, a été d'augmenter la production de ces animaux, dont un bon nombre, ceux de cavalerie surtout, est acheté à l'étranger. Pour cela il fallait donner aux cultivateurs un intérêt plus grand à élever des chevaux qu'à élever ou qu'à engraisser tout bétail ; ou, en d'autres termes, il fallait faire, que le fourrage consommé par le cheval fût payé au cultivateur, par la vente de l'animal, plus chèrement qu'il n'aurait été payé par la vente de tout autre bétail de produit. *Les subventions pécuniaires aux poulinières* ont été conseillées dans ce but par des Allemands et par des Français.

Toute jument, à moins d'être trop mauvaise, devait recevoir une subvention, soit annuelle, soit par poulain ou pouliche qu'elle produirait ; c'était un bon moyen d'élever la valeur du fourrage donné à la production des chevaux ; cette mesure a été, je crois, employée dans quelques coins de l'Allemagne, mais elle est trop dispendieuse, et je ne pense pas qu'elle ait eu une longue durée. J'ai dû en parler.

En France on a agi autrement, on s'est dit, *encourager l'amélioration, c'est encourager la multiplication;* au lieu de subventionner toutes les poulinières, donnons des encouragements pour les plus belles, pour les plus belles pouliches, pour les plus beaux poulains, nous exciterons ainsi l'intérêt et l'amour-propre. Pour avoir les plus beaux animaux on s'enquerra de la manière de les produire, on adoptera les meilleures méthodes ; des cultivateurs qui n'avaient point de poulinières en auront ; et la production augmentera en même temps que l'amélioration se fera.

Donnons des encouragements pour les beaux et bons étalons des cultivateurs.

Sans aucun doute, ces encouragements ont produit un très-bon résultat.

Seulement, l'application, sous quelques rapports, n'a peut-être pas été assez réfléchie.

Ainsi, en considérant que les mâles étaient plus turbulents, et qu'en raison de cette turbulence ils demandaient plus de surveillance et, par suite, occasionnaient plus de dépenses, on a été porté à élever, pour les mâles, les primes au-dessus des primes données aux femelles.

D'autre part, un étalon pouvant produire cinquante à soixante poulains par an, tandis que la jument n'en peut produire qu'un, on a payé plus cher pour la reproduction un mâle qu'une femelle de choix ; et, parce qu'il y avait cette raison de payer plus cher l'étalon, *on s'est habitué à attacher à l'étalon, dans l'acte de la génération, une idée de suprématie tout idéale.*

Il n'est pas jusqu'à la subvention donnée par l'État ou par les Départements aux étalons des particuliers pour combler le déficit des étalons de l'État, qui n'ait contribué à jeter dans les esprits cette idée de suprématie de l'étalon.

Un fait enfin a pu faire croire cette idée fondée : « Voyez, a-t-on dit, ce qui résulte de l'accouple- « ment du cheval avec l'ânesse ; il en résulte un « bardeau plus semblable au père qu'à la mère ; « voyez l'accouplement de l'âne avec la jument, « il en résulte le mulet, plus semblable aussi au « père qu'à la mère. »

Cela est vrai. Mais, de ce que dans l'accouplement d'individus de *ces deux espèces* le mâle communique ses formes aux produits plus que le fait la femelle, peut-on en induire que dans l'accouplement du mâle et de la femelle d'une *même espèce* cette influence doive subsister ? l'induction me paraît bien hasardée et est souvent en contradiction avec les faits.

Ainsi, nous voyons tous les jours se produire, dans l'espèce du cheval et dans d'autres, ce fait, qu'une longue suite d'aïeux, dans une race conservée pure, donne au sexe qui a cet avantage, sur le sexe qui ne l'a pas, une influence sur les produits de la génération, d'autant plus marquée que la race pure est plus ancienne.

Ainsi, nous voyons que le sexe le plus vigoureux de longue date au moment de l'accouplement imprime au produit ses formes et ses qualités plus que le sexe sensiblement moins vigoureux.

Ainsi, on sait que les femelles dans la force de l'âge et accouplées avec un mâle beaucoup plus jeune ou beaucoup plus vieux donnent des produits plus semblables à elles qu'au mâle ; que même elles produisent plus de femelles que de mâles. (Voyez Girou de Buzareingues.)

Cette croyance à l'influence plus grande du mâle dans l'acte de la génération repose donc sur des données très-incertaines quand il s'agit d'accouplements d'individus de la *même espèce*.

En supposant même que cette influence puisse exister, elle est trop amoindrie par l'effet de la domesticité pour qu'elle ait de l'importance; on va en avoir la preuve, et les éleveurs ne me démentiront pas.

Dans la génération de nos mammifères, il y a deux actes bien distincts; d'abord l'accouplement ou l'acte fécondant dans lequel le mâle et la femelle s'allient pour donner naissance au nouvel être (pour féconder l'œuf ou ovule); en second lieu, l'acte qui développe le nouvel être, dans le sein de la mère, l'y nourrit, et l'amène à la lumière plus ou moins bien constitué, plus ou moins fort, plus ou moins capable de résister aux intempéries, aux causes de destruction qui l'entourent pendant le restant de sa vie.

Dans le premier fait, dans l'acte générateur ou fécondant, en supposant que le mâle ait réellement une action plus puissante que la femelle, à quoi servira cette action plus puissante si la femelle est malingre, souffrante, si elle est mal bâtie, mal constituée? Évidemment cette action du mâle, cette influence, en la supposant la plus puissante, atténuera un peu le mal, mais voilà tout ; elle ne l'empêchera pas, et le produit se ressentira de cet état de la femelle.

Mais dans le second fait, dans celui qui nourrit, qui fait croître l'ovule, qui le conduit à la lumière, quelle influence le mâle a-t-il? Il n'a plus que celle qu'il a produite au moment de la fécondation. L'influence de la femelle reste seule alors; elle est de tous les jours, de tous les instants ; il n'y a pas une douleur, il n'y a pas une simple souffrance produite par des mauvais aliments, par le manque d'aliments, par des fatigues, par des intempéries extérieures, par de mauvais traitements, qui ne réagissent en mal sur le fœtus; comme aussi le fœtus profite, dans le sein de la mère, de toutes les influences favorables au milieu desquelles elle se trouve ; *et cela se continue pendant onze à douze mois*. Quelle suprématie peut donc avoir l'étalon *pour faire de bons animaux?* En supposant même que son influence soit plus grande dans l'acte de la fécondation, cette influence disparaît devant l'influence de la mère dans l'acte nourricier ; et je dis cela avec pleine certitude de ne pas me tromper. J'ajouterai qu'il est des hippiatres et des éleveurs qui prétendent que l'étalon donne principalement les formes, et que *c'est la mère qui donne principalement les qualités*. Ils expliquent ainsi la ressemblance plus marquée des mulets et des bardeaux à leur père respectif.

. Une réflexion peut même faire présumer que cette influence apparente plus grande du mâle dans la production du bardeau et du mulet n'est le résultat d'aucune loi naturelle dans les accouplements entre individus d'espèces différentes, mais bien uniquement le résultat du régime, ou, autrement dit, le résultat physiologique de l'hygiène.

En effet, si, dans l'acte générateur, entre individus de même espèce, l'individu le plus vigoureusement constitué imprime au produit ses formes et ses qualités plus fortement que l'individu le plus faible, il est de fait que, dans la production du bardeau et du mulet, l'étalon cheval et l'étalon baudet sont toujours, on peut dire, bien autrement vigoureux que les femelles. Qu'on aille dans le Poitou visiter les ânes étalons, *les animaux* (c'est ainsi que j'ai entendu appeler, dans quelques endroits, ces ânes); on verra quelle différence d'énergie, de vitalité entre ces

ânes nourris de grains et les juments mulassières !
J'ai trouvé de ces ânes étalons qui manifestaient
toute l'énergie d'une bête indomptable, sauvage.
Qu'on compare le cheval étalon bien soigné, bien
nourri de grains à la pauvre ânesse alimentée
d'herbe et de foin ; et l'on ne sera pas surpris si
quelques physiologistes attribuent l'influence plus
grande du mâle dans la production des bardeaux
et des mulets, à cette différence de vitalité entre
les producteurs !

---

Par la raison vraie qu'un poulain entier exige
plus de soins à élever qu'une pouliche,

Par la raison qu'un étalon suffit pour une
soixantaine de juments,

Enfin, par la raison hypothétique que le mâle a
plus d'influence que la femelle dans l'acte de la
génération,

On a pris l'habitude d'attribuer une suprématie
aux étalons sur les juments. Alors il est arrivé,
lors de l'institution des comices agricoles, que,
lorsque des concours y ont été ouverts pour les
animaux de l'espèce chevaline, on a donné des
primes plus élevées pour les étalons que pour les

poulinières. On a assimilé les primes à des subventions pécuniaires, sans prendre garde qu'on confondait deux choses toutes différentes, sans prendre garde qu'il ne s'agissait pas de comparer un étalon à une jument, mais qu'il s'agissait de comparer des étalons à des étalons, et des poulinières à des poulinières.

A-t-on bien fait ?

Pour arriver à la solution de la question, voyons de nouveau le but, ou plutôt les deux buts que se propose l'administration des haras dans les encouragements qu'elle distribue pour l'élevage du cheval.

En premier lieu, c'est, avons-nous dit, d'augmenter le nombre des chevaux ;

En second lieu, c'est d'améliorer les individus ou les races.

Voyons d'abord ce qu'il faut faire pour en augmenter le nombre:

Evidemment, soixante étalons et une jument ne peuvent donner annuellement qu'une production, tandis que soixante juments et un étalon peuvent donner jusqu'à soixante poulains ou pouliches : pour augmenter le nombre, ce sont donc les poulinières qu'il faut augmenter ; c'est donc leur multiplication qu'il faut encourager par tous les moyens, soit subventions, soit primes de toute espèce. L'étalon n'est rien dans ce cas, il s'efface complétement.

Mais, dira-t-on aussitôt, vous ne pouvez pas poser ainsi le problème : la question de multiplication ne peut être isolée de la seconde, celle de l'amélioration ; vous l'avez dit vous-même en commençant. Quel avantage, en effet, la France retirerait-elle de quelques mille mauvaises productions de plus que celles qu'elle a déjà ? Vous devez savoir que ce n'est pas de chevaux qu'elle manque, que c'est de bons et beaux chevaux ; vous devez savoir qu'il est des statisticiens qui prétendent que, si les mauvais ou trop petits chevaux étaient et plus grands et meilleurs, la cavalerie et le luxe n'auraient point besoin de s'approvisionner en dehors de la France. Voilà ce qu'on me dira.

Soit donc : laissons de côté la question de multiplication et abordons la question de l'amélioration.

Pour améliorer les chevaux, que faut-il donc faire ?

Si, d'une part, il est incontestable *qu'il faut, autant que possible, avoir en même temps et de bons étalons et de bonnes juments*, ne peut-on pas, d'autre part, poser les deux données suivantes comme tout à fait vraies, sauf le positif des chiffres, qui n'est là que pour mieux préciser ?

1° *Un étalon médiocre, pourvu qu'il soit sain, avec soixante belles et bonnes poulinières bien nourries, bien soignées, pourra donner jusqu'à soixante bons poulains si, comme les mères, ces poulains sont bien nourris et bien soignés.*

2° *Un bon étalon, un très-bon étalon, avec soixante juments mauvaises, mal nourries, mal soignées, donnera soixante produits mauvais.*

Voilà, il me semble, deux données raisonnables, tellement en rapport avec les faits de toutes les années, de tous les pays, qu'on peut presque dire que ce sont des axiomes.

Qu'en résulte-t-il pour l'amélioration ? Voyons.

Il résulte de la deuxième donnée qu'un très-bon étalon, quelque bel et bon qu'il soit, sera, dans le cas dont il s'agit, à peu près inutile pour l'amélioration. Il résulte de la première donnée qu'un bon étalon n'est pas une chose d'aussi grande nécessité pour l'amélioration que de bonnes juments.

Il résulte de ces deux données réunies, et cela

de la manière la plus évidente, que, pour l'amélioration, ce sont les juments qui jouent le plus
grand rôle ; tranchons le mot, le rôle capital.

En entendant parler de la préférence que les
peuples de l'Asie Mineure, de la Syrie, de l'Arabie
donnent à leurs juments sur leurs chevaux ; en
voyant que cette préférence existe chez les tribus
nomades du nord de l'Afrique ; qu'elle se retrouve
jusque chez les Maures de la rive droite du
Sénégal où, en 1820, tandis que M. Fleuriau de
Bellevue, Commandant d'un brick de l'Etat,
achetait deux ou trois chevaux entiers pour
quelques cents francs, je ne pouvais acheter une
jument assez belle à cause du prix dispropor-
tionné qu'on en demandait (le brick de guerre qui
nous portait), j'ai pensé qu'une pareille préférence, chez des peuples qui prisent les chevaux
comme l'animal le plus précieux pour servir leurs
passions de guerre et de pillage, pouvait avoir sa
raison d'être, instinctive, sinon raisonnée, dans
ce fait, qu'avec une bonne jument et un médiocre
cheval on est bien plus sûr d'avoir un bon produit qu'avec un superbe étalon et une médiocre
jument.

Si donc, d'un côté, il n'est pas besoin de prou-

ver que, dans le but de la multiplication considérée isolément, tous les encouragements devraient
être donnés aux juments ; si, d'un autre côté,
nous avons basé sur des arguments à peu près irré-
futabtes et sur des faits que, dans le but de l'amélioration, c'était la production des bonnes juments
qui méritait le plus d'être encouragée, nous ne
voyons plus aucune raison d'élever dans les concours agricoles les primes pour les étalons plus
haut que les primes pour les juments. Nous voyons
des raisons puissantes de faire tout le contraire.

Mais, si ces primes ou prix plus élevés donnés
aux étalons avaient un inconvénient, une nouvelle raison s'ajouterait aux précédentes. Eh bien !
il en est ainsi ; cet inconvénient existe ; c'est que
ces primes, en donnant une valeur plus grande
aux poulains mâles qu'aux pouliches, tel éleveur
qui pourrait avoir une ou deux poulinières aime
mieux élever un ou deux poulaius mâles :  c'est
ainsi que des mâles tiennent la place de poulinières dans les petits haras, qui en France sont
les plus nombreux, dans les haras des éleveurs
cultivateurs ; et c'est ainsi qu'est consommée par
des mâles une part de nourriture qui, dans les
pays d'élevage, donnée à un plus grand nombre

de juments, augmenterait d'autant la production équine.

Et qu'on ne dise pas que je raisonne mal, en
ce sens que, si on parvenait à augmenter le
nombre des poulinières, on n'augmenterait point
pour cela la quantité de fourrages, et qu'il n'y
aurait plus de quoi faire vivre le surcroît de poulains ! non, il ne faut pas émettre ce dire ; ce qui
pourrait arriver, c'est que, chez quelques cultivateurs, l'élevage des poulains prendrait la place de
l'élevage des bêtes bovines et ovines ; comme déjà
le prix croissant des bêtes bovines et la diminution des prix des laines fines font, dans quelques
fermes, remplacer les moutons par les vaches.

Mais il me semble que le besoin d'avoir une
plus grande production de chevaux, dans l'intérêt de l'armée, devrait faire passer outre.

Quant à moi, je ne pense même pas que l'augmentation des poulinières puisse amener cette
diminution supposée de notre autre bétail. Le
cultivateur saurait bien multiplier ses fourrages
en raison du surcroît de têtes à nourrir. Ce
qui doit faire penser ainsi, c'est que le nombre
des bêtes bovines a éprouvé une augmentation
proportionnelle bien supérieure à la diminution

des moutons, et que le fourrage ne manque pas.

Un autre inconvénient surgit de ces primes plus élevées données aux mâles, c'est de faire conserver *entiers,* jusqu'à un âge assez avancé, des poulains qui, châtrés de bonne heure, auraient fait des chevaux de service bien supérieurs à ce qu'ils deviennent quand ils ont été châtrés tardivement. Déjà, depuis longtemps, les vétérinaires s'élèvent contre ces castrations tardives faites dans l'âge précisément où elles influent de la manière la plus fâcheuse sur l'organisme, sur la bonne constitution.

## EN RÉSUMÉ,

1° *Dans le but de la multiplication des chevaux considérée isolément,* il est irrationnel de donner des primes plus élevées pour l'élevage des étalons.

C'est aux juments qu'il faut attribuer des primes.

2° *Dans le but de l'amélioration* il n'y a aucune raison valable de donner aux étalons, dans les

15.

concours agricoles, des primes supérieures aux primes qu'on donne aux juments.

3° *Dans ce but d'amélioration*, il est plus rationnel, au contraire, de donner aux juments des primes supérieures.

# SUR DES PHÉNOMÈNES

## OBSERVÉS DANS LES PRODUITS

### DE

# L'ACTE GÉNÉRATEUR.

EXTRAIT PAR

## M. HUZARD (1).

Les races de nos animaux domestiques ne sont plus les races primitives ; nous ne connaissons même plus ces races ; l'homme, le cultivateur surtout, au moyen de l'hygiène, les a modifiées dans leurs instincts, dans leurs formes, et par l'hérédité, qui est un moyen de l'hygiène, a rendu constants ces instincts nouveaux et ces formes nouvelles.

---

(1) *Bulletin de la Société pour l'encouragement de l'industrie nationale* (mars 1875).

Tout ce qui, accidentellement, sans la volonté du cultivateur, produit un changement dans ces instincts, dans ces formes, intéresse donc celui-ci à un haut degré.

M. de la Tréhonnais, agronome émérite, a lu le récit et entendu parler, car ce n'est pas lui qui les a constatés, de certains phénomènes qui se passent dans les accouplements, et sur lesquels il pense qu'il serait bon d'appeler l'attention des éleveurs.

Je cite ces phénomènes, car il serait difficile d'en parler sans d'abord les reproduire.

« 1° Une jument anglaise de race, dit M. de la Tréhonnais, est saillie par un zèbre, et donne un Hybride ; puis, ensuite, cette jument est saillie par un étalon de sa propre race, et donne une nouvelle production qui naît avec des caractères du zèbre.

« Tout extraordinaire que paraisse ce phénomène, la physiologie peut, ajoute M. de la Tréhonnais, l'expliquer d'une manière hypothétique, sans doute, mais de la manière suivante : dans la saillie par le zèbre, les ovules de l'ovaire, en outre de celui qui a donné l'Hybride, ont pu être impressionnés par le sperme, sans l'avoir été suffisamment pour donner la vie aux ovules, mais de manière, cependant, à y produire un effet qui s'est manifesté dans la production d'un accouplement subséquent avec un mâle de la même espèce que la mère. » J'ajoute que déjà des éleveurs avaient cru remarquer que des femelles *vierges,* saillies pour la première fois, donnaient, aux produits qui suivaient celui qu'elles avaient eu d'abord, des caractères appartenant au premier mâle, quoique les mâles des accouplements suivants fussent de toute autre race. L'explication physiologique pourrait être la même pour ces cas que pour celui cité par M. de la Tréhonnais ; mais la physiologie ne se contente pas de suppositions. M. Magne, si je ne me trompe, partage cette opinion de l'influence du mâle dans un accouplement avec des femelles vierges.

Dans tous les cas, l'explication ne peut s'appliquer aux phénomènes suivants :

« 2° Un verrat de pure race anglaise croise des truies normandes, puis il couvre ensuite une truie de sa race pure anglaise, et produit avec elle des métis normands.

« 3° Un verrat anglais, d'une race bien établie, bien persistante, de couleur blanche, n'ayant donné toujours que des gorets blancs avec des femelles blanches de sa race, est prêté pour saillir des truies noires de la race berkshire ; puis, remis à saillir des truies blanches de sa propre race, il donne naissance à des gorets de robe tachetée de noir. »

Comment expliquer ces deux faits ? Ce n'est pas, comme dans le premier cas, par l'imprégnation des ovaires par le sperme.

« 4° Une génisse en rut, pur sang durham, est conduite, pendant un certain parcours, à un taureau aussi de race durham ; mais on est obligé de la faire accompagner par une vache d'Alderney d'une autre couleur. Le propriétaire du taureau fait observer que le produit aurait le pelage de la vache d'Alderney, et c'est ce qui arriva.

« 5° Une jument baie est conduite à un étalon bai de la même nuance ; le groom qui la conduisait en main montait un cheval irlandais hongre ; on ne dit pas la couleur de la robe du cheval, mais il avait une tache blanche en tête, et aux extrémités des balzanes blanches. Le poulain résultant de l'accouplement ressemblait au cheval irlandais et avait les mêmes marques au front et aux extrémités. »

Dans ces deux nouveaux faits il est difficile d'expliquer le résultat autrement que par l'impression produite sur les femelles en rut par la vue des formes et de la couleur de leur compagnon de voyage. Il paraît difficile d'y faire entrer l'atavisme pour quelque chose.

« 6° Lady Picot, bien connue pour son magnifique troupeau de race durham, était tout étonnée d'abord que la plupart des veaux naissaient blancs, quoique les producteurs eussent un pelage rouge. On lui fit observer que cela tenait probablement à la couleur blanche des étables, qui étaient souvent badigeonnées au lait de chaux dans un but hygiénique. La couleur fut changée et les veaux vinrent avec la robe de leurs producteurs. »

7° M. de la Tréhonnais va chercher des exemples jusque dans l'histoire sainte.

« On trouve, dit-il, que Jacob, voulant augmenter son troupeau de brebis aux dépens de celui de Laban, son beau-père, prit pour sa part toutes les bêtes ayant leur robe affectée de taches de couleur, et laissa exclusivement à son beaupère toutes les brebis parfaitement blanches ; puis il eut ensuite le soin de conduire le troupeau de celui-ci à un abreuvoir garni d'arbres dont les branches avaient eu l'écorce enlevée par bandes en spirales, afin que la vue de ces couleurs tranchées frappât les brebis blanches et leur fît produire des agneaux tachetés qu'il pût dire venir de son troupeau à lui. »

Enfin, au sujet de cette croyance à l'influence des couleurs sur les animaux au moment de la conception, M. de la Tréhonnais cite un M. Combes, célèbre éleveur de la race bovine noire d'Angus. M. Combes était tellement convaincu de cette influence, qu'il faisait peindre en noir l'intérieur des étables, les portes, les fenêtres, même les planchers et jusqu'aux barrières extérieures.

D'après ces faits bien constatés, selon M. de la Tréhonnais, « il est impossible, ajoute-t-il, de ne pas reconnaître que, dans certaines races d'animaux, etc., etc., à l'époque de l'acte progéniteur, c'est-à-dire au moment de la surexcitation du système nerveux qui accompagne cet acte, il se produit un phénomène identique à celui qui a lieu sur la plaque de verre préparée qui reçoit et fixe une image au foyer d'un appareil photographique.

« En effet, continue-t-il, le phénomène est d'autant plus marqué que la bigarrure des objets en vue est plus tranchée ; puis il se produit le plus souvent, chez les animaux domestiques qui s'accouplent, surtout le jour, d'une façon isolée, par exemple chez les races bovine et chevaline ; tandis qu'il se produit moins souvent dans les grands troupeaux de moutons dont le saut s'opère au milieu d'autres brebis de même pelage, dans la nuit ; et se produit davantage dans les petits troupeaux où l'on remarque des chèvres au milieu des brebis. Enfin, dans l'état sauvage (c'est toujours l'auteur qui parle), l'homogénéité constante dans la production peut être attribuée à ce que l'acte reproducteur se passe dans les circonstances journalières et dans les milieux ordinaires de la vie, tandis que, dans l'état de domesticité, ces milieux, ces circonstances sont souvent changés par l'homme au moment même de l'acte générateur. »

L'auteur termine son travail en faisant entendre que l'éleveur devrait peut-être prendre en considération, plus qu'il ne le fait généralement, les milieux dans lesquels il fait opérer l'acte reproducteur.

Sans mettre en doute le bien observé des phénomènes rapportés par M. de la Tréhonnais, ils sont trop peu nombreux pour être regardés comme des faits acquis, et il est à désirer que, s'il s'en présente de semblables, ils soient recueillis, et, s'il est possible, que des expériences directes soient faites à ce sujet.

*Oubli à la page 57.*

Entraves. — Dans les champs mal clos, les juments, les poulains surtout cherchent souvent à sortir, et, pour les en empêcher, *on les entrave ;* c'est un mal, un très-grand mal : non-seulement les entraves blessent souvent la peau, mais toujours elles l'irritent, la font s'épaissir, donnent une mauvaise direction aux poils et rendent les paturons difformes à la vue.

Mais le très-grand mal consiste en ce qu'elles ôtent aux membres la liberté des mouvements, font prendre à la marche des allures disgracieuses, restreintes souvent, et nuisibles au service que l'animal est appelé à rendre.

Les entraves placées aux parties supérieures des membres, au-dessus des boulets, des genoux, des jarrets, sont tout aussi nuisibles.

Les entraves, quelles qu'elles soient, doivent donc être soigneusement proscrites.

Ce sont les enclos qu'il faut entretenir en bon état.

Paris. — Imprimerie de madame veuve Bouchard-Huzard, rue de l'Éperon, 5.